实战工业电路板芯片级维修

全彩视频版

张 军
程怡安
王红明

编著

化学工业出版社

·北京·

内容简介

　　本书采用全彩图解＋视频讲解的方式，由浅入深地介绍了工业电路板各单元电路的组成结构、工作原理，并结合大量实战案例，详细讲解了工业电路板各单元电路的故障维修流程、维修方法和维修实战。全书内容主要包括：工业电路板维修工具使用实战、工业电路板元器件好坏检测实战、电路图读图实战、数字电路故障维修、运算放大器电路故障维修实战、主电路故障维修实战、制动电路故障维修实战、开关电源电路故障维修实战、驱动电路故障维修实战、电流／电压检测电路故障维修实战、CPU主板电路故障维修实战、工业电路板维修方法和加电经验及工业电路板综合维修实战案例等。

　　本书可供工控设备维修人员、企业高级电工等学习使用，同时也可用作职业院校或培训学校相关专业的教材及参考书。

图书在版编目（CIP）数据

实战工业电路板芯片级维修：全彩视频版／张军，

程怡安，王红明编著. -- 北京：化学工业出版社，

2025. 4. -- ISBN 978-7-122-47490-2

　Ⅰ. TM215

中国国家版本馆CIP数据核字第202516K4Z6号

责任编辑：耍利娜　　　　　文字编辑：李亚楠　温潇潇
责任校对：赵懿桐　　　　　装帧设计：王晓宇

出版发行：化学工业出版社
　　　　　（北京市东城区青年湖南街13号　邮政编码100011）
印　　装：天津市银博印刷集团有限公司
710mm×1000mm　1/16　印张19¾　字数393千字
2025年7月北京第1版第1次印刷

购书咨询：010-64518888　　　售后服务：010-64518899
网　　址：http://www.cip.com.cn
凡购买本书，如有缺损质量问题，本社销售中心负责调换。

定　　价：99.00元　　　　　　　　版权所有　违者必究

一、为什么写这本书

工业电路板的电路设计复杂精密，且通常工作在高电压、大电流、高温的环境中，因此比较容易出现故障。由于工业电路板维修最大的特点就是"无图"，即没有故障电路板的电路原理图，这给维修者带来很多困难。要想维修"无图"的工业电路板，就需要掌握工业电路板各单元电路详细的结构原理和故障排查方法，掌握工业电路板维修技能，掌握查找工业电路板中损坏的元器件的实战技能。本书详细归纳总结了这些维修实战知识，读者只要认真学习就可以掌握这些技能。

工业电路板单元电路维修需要掌握哪些具体的维修知识呢？

首先，电子元器件好坏判断检测技术是必须掌握的。不管什么类型的电路板，都离不开电子元器件，都是由各种类型的电子元器件所组成的，因此要学习电路板维修技术，就必须掌握电路板中的各种电子元器件的检测方法。

然后要学会电路板维修所要用到仪器仪表的使用方法。要想知道电路板中的电子元器件或电路的工作状态是否正常，需要借助一些仪器仪表来帮我们进行判断，这样就需要掌握仪器仪表的使用方法。

接下来要学习电路板中各单元电路（如主电路、制动电路、开关电源电路、驱动电路、检测电路、控制电路等）的组成结构和工作原理。在电路板中，各种电子元器件和电路板上的铜线构成了可以实现不同功能的电子电路。掌握各种电子电路的组成结构和工作原理，是掌握电路板维修技术的必要条件之一。

最后要学习各单元电路的维修流程图、快速诊断故障的方法、故障维修实战和大量的故障维修案例。应用这些维修知识，即可判断出电路板故障是由哪一块电路导致的，先锁定故障检查范围，然后再检查故障范围内电路元件。这样，就能够既准确又迅速地把故障电路板维修好了。

二、本书特点

（1）全程图解，图文并茂

本书的一大特点就是：采用全程图解的方式进行讲解，图文并茂，手把手地教你测量电路板中各个芯片电路。让你边看边学，快速成为一个维修高手。

（2）内容全面，知识点多

本书不但讲解了维修工具的使用实战、元器件维修实战、电路图读图实战等维修基本功，还讲解了工业电路板中的主要电路（开关电源电路、整流滤波电路、IGBT 电路、IPM 电路、驱动电路、检测电路、处理器电路、端子电路等）的电路结构和运行原理，最重要的是详细归纳总结了工业电路板故障检测流程图、故障检测点、故障快速诊断维修方法、故障维修实战等。

（3）实战性强，实操丰富

本书以维修实战为主线，配有大量的实战操作内容。不但总结了维修工具使用实战、元器件好坏检测实战、电路图读图实战，还总结了电路板维修检测实战、工业电路板故障维修实战案例等内容，帮助读者学以致用，积累维修经验。

本书由张军、程怡安、王红明编著。其中，张军编写了 1 ～ 4 章（约 10 万字），程怡安编写了 5 ～ 9 章（约 17 万字），王红明编写了 10 ～ 13 章（约 12 万字）。

由于作者水平有限，书中难免有疏漏之处，恳请读者朋友提出宝贵意见和真诚的批评。

编著者

扫码看维修
检测视频

目录
CONTENTS

第3章　电路图读图实战

第7章 工业电路板制动控制电路故障维修实战

第8章 工业电路板开关电源电路故障维修实战

第11章 工业电路板 CPU 主板电路故障维修实战

第12章 工业电路板维修方法和加电经验

第13章　工业电路板综合维修实战

第1章

工业电路板维修
工具使用实战

在维修工业电路板时，经常要用到一些工具。正确使用、保养这些工具，对维修操作很有益处。本章将详细讲解工业电路板常用的一些维修工具的使用方法。

1.1 万用表测量实战

万用表是一种多功能、多量程的测量仪表。万用表有很多种类型，目前常用的有指针万用表和数字万用表两种。万用表可测量直流电流、直流电压、交流电流、交流电压、电阻和音频电平等，是电工和电子维修中必备的测试工具。

1.1.1 数字万用表测量实战

（1）看图识数字万用表

数字万用表的主要特征是有一块液晶显示屏。数字万用表具有显示清晰、读取方便、灵敏度高、准确度高、过载能力强、便于携带、使用方便等优点。数字万用表主要由液晶显示屏、挡位功能区、挡位选择钮、表笔插孔、三极管 / 电容插孔等组成，如图 1-1 所示。

提示

> 有的万用表没有电源开关键，而是在功能区有个 OFF 挡，将挡位旋钮调到 OFF 挡，可以实现关机。当测量电压、电阻、频率和温度时，将红表笔插在 VΩHz℃插孔；测量电流时，根据电流大小将红表笔插在 A 插孔或 mA 插孔。

数字万用表的挡位比较多，在表盘上可以看到很多符号和挡位，表盘上的每一个圆点都对应一个挡位。数字万用表的挡位主要分为：欧姆挡、交流电压挡、直流电压挡、交流电流挡、直流电流挡、二极管挡、三极管挡、电容挡、温度挡、蜂鸣挡、频率挡等挡位。一般二极管挡和蜂鸣挡在一个挡位，需要通过 SEL/HOLD 按键进行切换。如图 1-2 所示为数字万用表的挡位符号。

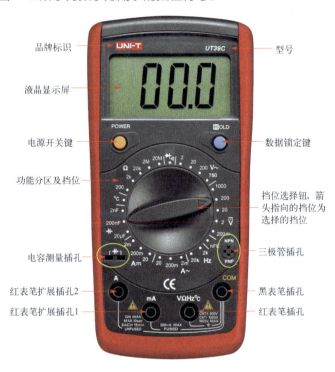

品牌标识　　　　　　　　型号

液晶显示屏

电源开关键　　　　　　数据锁定键

功能分区及挡位

挡位选择钮，箭头指向的挡位为选择的挡位

电容测量插孔　　　　　三极管插孔

红表笔扩展插孔2　　　　黑表笔插孔
红表笔扩展插孔1　　　　红表笔插孔

图 1-1　数字万用表

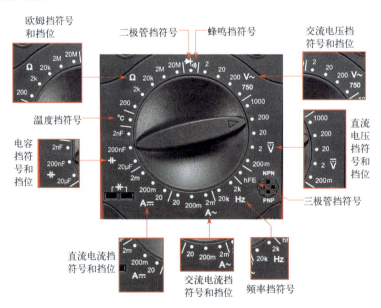

欧姆挡符号和挡位　　　二极管挡符号　　蜂鸣挡符号　　交流电压挡符号和挡位

温度挡符号

电容挡符号和挡位

直流电压挡符号和挡位

三极管挡符号

直流电流挡符号和挡位　　交流电流挡符号和挡位　　频率挡符号

图 1-2　数字万用表的挡位符号

（2）数字万用表测量电路通断实战

在检查电路板的线路是否发生断路故障时，可以使用数字万用表的蜂鸣挡来测量。具体方法如图 1-3 所示（每个型号的数字万用表挡位和插孔虽略有不同，但用法基本相同）。

①将黑表笔插进万用表的COM插孔，将红表笔插进万用表的VΩμAmA℃插孔。

②将挡位旋钮调到蜂鸣挡。

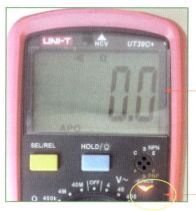

③将红黑两支表笔分别接电路板中所测线路的两端。如果万用表发出"嘀嘀"的响声，同时蜂鸣指示灯点亮，说明所测线路是导通的，未发生断路故障，此时显示屏显示的数值接近零；如果万用表未发出"嘀嘀"的响声，蜂鸣指示灯也未被点亮，说明所测线路发生了断路故障，或所测线路阻值很大。

图 1-3　用数字万用表测量电路通断

（3）数字万用表测量直流电压实战

用数字万用表测量直流电压的方法如图 1-4 所示（每个型号的数字万用表挡位和插孔虽略有不同，但用法基本相同）。

①因为本次是对电压进行测量，所以将黑表笔插进万用表的COM插孔，将红表笔插进万用表的VΩμAmA℃插孔。

②将挡位旋钮调到直流电压挡，选择40V挡（选择比估测值大的挡位即可）。

③将两表笔分别接电源的两极，正确的接法应该是红表笔接正极，黑表笔接负极。读数，若测量数值为"1."，说明所选量程太小，需改用大量程。如果数值显示为负，代表极性接反（需要调换表笔）。表中显示的1.56V即为所测电源的电压。

图1-4　用数字万用表测量直流电压的方法

（4）数字万用表测量二极管实战

　　一般测量二极管时，都用数字万用表的二极管挡测量二极管的管电压，通过管电压判断二极管的好坏。通常，锗二极管的管压降为0.15～0.3V，硅二极管的管压降为0.5～0.8V，发光二极管的管压降为1.8～2.3V。如果测量的二极管正向压降超出这个范围，则二极管损坏。如果反向压降为0，则二极管被击穿。

　　用数字万用表测量二极管的方法如图1-5所示。

1.1.2　指针万用表测量实战

（1）看图识指针万用表

　　指针万用表的最主要特征是带有刻度盘和指针。指针万用表可以显示出所测电路连续变化的情况，且指针万用表电阻挡的测量电流较大，特别适合在路检测元器件。

①将黑表笔插进万用表的COM插孔，将红表笔插进万用表的VΩμAmA℃插孔。

提示:当选择二极管挡后，会在显示屏上出现二极管的符号。

②将挡位旋钮调到二极管/蜂鸣挡，一般默认会选择蜂鸣挡，按SEL/REL按钮切换到二极管挡。

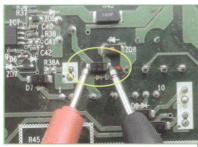

③将红表笔接二极管正极，黑表笔接二极管的负极（有横线的一端），测量其压降。

④显示屏显示的0.549V即为所测二极管的正向压降。

图1-5　用数字万用表测量二极管的方法

指针万用表主要由表盘、功能分区及量程挡、功能旋钮、欧姆调零旋钮、表笔插孔及三极管插孔等组成，如图 1-6 所示。

刻度

表头指针

品牌和型号

三极管插孔

功能分区及量程挡

红色表笔插孔

黑色表笔插孔

表盘

机械调零旋钮

欧姆调零旋钮，用来给欧姆挡置零

功能旋钮

红色表笔扩展插孔1

红色表笔扩展插孔2

图 1-6　指针万用表

提示　　测量 1000V 以内电压、电阻、500mA 以内电流时，红表笔插 + 插孔；测量 500mA 以上电流时，红表笔插 10A 插孔；测量 1000V 以上电压时，红表笔插 2500V 插孔。

指针万用表的挡位比较多，在功能区可以看到很多功能符号和挡位。指针万用表的挡位主要分为欧姆挡（Ω）、交流电压挡（ACV）、直流电压挡（DCV）、直流电流挡（DCmA）等挡位。如图 1-7 所示为指针万用表的挡位符号。

如图 1-8 所示为指针万用表表盘，表盘由表头指针和刻度等组成。

（2）调整指针万用表的量程实战

使用指针万用表测量时，第一步要选择合适的量程，这样才能测量得准确。

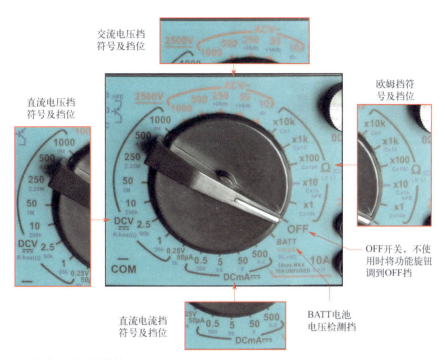

交流电压挡
符号及挡位

直流电压挡
符号及挡位

欧姆挡符
号及挡位

OFF开关, 不使
用时将功能旋钮
调到OFF挡

BATT电池
电压检测挡

直流电流挡
符号及挡位

图 1-7 指针万用表的挡位符号

第一条刻度为电
阻值刻度, 从右
向左读

第二条刻度为交/
直流电压、电流刻
度, 从左向右读

机械调零旋钮
当万用表水平
放置时, 若指
针不在交直流
挡标尺的零刻
度位, 可以通
过机械调零旋
钮使指针回到
零刻度

图 1-8 指针万用表表盘

指针万用表量程的选择方法如图 1-9 所示。

第一步：试测。先粗略估计所测电阻阻值，再选择合适的量程，如果被测电阻不能估计其值，一般情况将开关拨在R×100或R×1k挡的位置进行初测。

第二步：选择合适的量程。看指针是否停在中线附近，如果是，说明量程合适。

如果指针太靠近零位，则要减小量程；如果指针太靠近无穷大位，则要增大量程。

图1-9　指针万用表量程的选择方法

（3）指针万用表欧姆调零实战

量程选准以后，在正式测量之前必须调零，如图1-10所示。

先将万用表调到需要的欧姆挡位，然后将红黑表笔短接，接着旋转欧姆调零旋钮将表头指针调到零刻度。

图1-10　指针万用表的欧姆调零

注意： 如果换挡，在测量之前必须重新调零一次。

（4）指针万用表测电阻实战

用指针万用表测电阻的方法如图 1-11 所示。

①根据待测电阻的标称阻值，将指针万用表的挡位调到相应的欧姆挡。比如待测电阻的阻值为17kΩ，就将挡位调到欧姆挡R×1k挡。接着进行调零，将红黑两支表笔短接，并旋转欧姆调零旋钮将表头指针调到零刻度。

②开始测量，将两支表笔分别接触待测电阻的两端（要求接触稳定可靠）。

③观察指针偏转情况。如果指针太靠左，那么需要换一个稍大的量程。如果指针太靠右，那么需要换一个较小的量程，直到指针落在表盘的中部（因表盘中部区域测量更精准）。

④读取表针读数，然后将表针读数乘以所选量程倍数，如选用R×1k挡测量，指针指向17，则被测电阻值为17×1k＝17kΩ。

图 1-11　用指针万用表测电阻的方法

（5）指针万用表测量直流电压实战

测量电路的直流电压时，选择万用表的直流电压挡，并选择合适的量程。当被测电压数值范围不清楚时，可先选用较高的量程挡，不合适时再逐步选用低量程挡，使指针停在满刻度的 2/3 处附近为宜。

指针万用表测量直流电压方法如图 1-12 所示。

③观察表盘，根据选择的量程及指针指向的刻度进行读数。由于所选用的量程为50V，从左侧的0刻度开始计算到右侧50结束，共50个刻度。而指针指在20刻度左侧一格处，因此表针的读数为19V。

从左侧的0刻度开始计算

①将指针万用表的功能旋钮调到直流电压挡50V量程。
②将指针万用表黑表笔接被测电压的负极，红表笔接被测电压的正极，测量其电压。

图 1-12　指针万用表测量直流电压

数字电桥测量元件实战

数字电桥是一种测量仪器，简单来说就是用于测量电阻、电容、电感等的仪器。数字电桥的测量对象为阻抗元件的参数，包括交流电阻 R、电感 L 及其品质因数 Q、电容 C 及其损耗因数 D。因此，又常称数字电桥为数字式 LCR 测量仪。其测量用频率从 50Hz 到约 100kHz。基本测量误差为 0.02%，一般均在 0.1% 左右，如图 1-13 所示为数字电桥。

1.2.1　数字电桥测量电容器实战

测量电容时，将功能模式参数设置为 ECs（Cs）或 ECp（Cp），即测电容，然后设置频率和串并联模式，最后将两个线夹接电容器两只引脚就可以测量了。

一般容量小于 1μF 的电容，采用 1kHz 频率，并联（PAR）方式测量；大于等于 1μF 的非电解电容，采用 100Hz 频率，并联（PAR）方式测量；大于等于 1μF 的电解电容，采用 100Hz 频率，串联（SER）方式测量。测量时除了观察电容容量是否符合标称容量外，还要看 D 值大小。一般 D 值小于 0.1 视为正常，D 值在 0.1 ~ 0.2 之间视为特效变差，D 值大于 0.2 视为损坏。

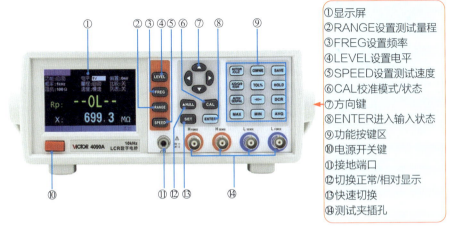

①显示屏
②RANGE设置测试量程
③FREG设置频率
④LEVEL设置电平
⑤SPEED设置测试速度
⑥CAL校准模式/状态
⑦方向键
⑧ENTER进入输入状态
⑨功能按键区
⑩电源开关键
⑪接地端口
⑫切换正常/相对显示
⑬快速切换
⑭测试夹插孔

图 1-13　数字电桥

数字电桥测量电容的方法如图 1-14 所示（以 87μF 的电解电容为例）。

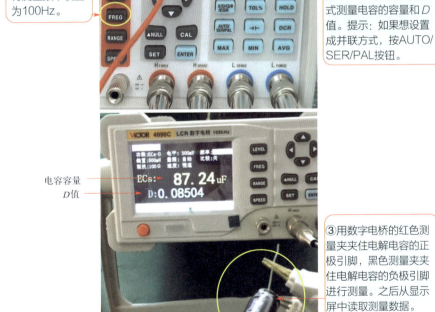

②按FREG按钮将测量频率设置为100Hz。

①按AUTO/R/C/L/Z按钮将测量功能模式设置为ECs-D，即用串联方式测量电容的容量和 D 值。提示：如果想设置成并联方式，按AUTO/SER/PAL按钮。

电容容量
D 值

③用数字电桥的红色测量夹夹住电解电容的正极引脚，黑色测量夹夹住电解电容的负极引脚进行测量。之后从显示屏中读取测量数据。

图 1-14　测量电容

1.2.2 数字电桥测量电阻器实战

测量电阻时，将功能模式参数设置为 ERs（Rs）或 ERp（Rp）或 DCR，即测电阻，然后设置频率和串并联模式，最后将两个线夹接电阻器两只引脚就可以测量了。

一般阻值小于 10kΩ 的电阻，采用 100Hz 频率，串联（SER）方式测量；大于等于 10kΩ 的电阻，采用 100Hz 频率，并联（PAR）方式测量。万用表对于几欧姆以上的电阻可以基本准确测量出其阻值，但对于 1Ω 以下的电阻则无法准确测量其阻值，而数字电桥可以准确测量小阻值电阻的阻值，因此对于微电阻测试，数字电桥就可以发挥其优势。如电感线圈阻值、变压器线圈阻值等可以用数字电桥准确测量。

数字电桥测量电阻的方法如图 1-15 所示（以 820Ω 的电阻为例）。

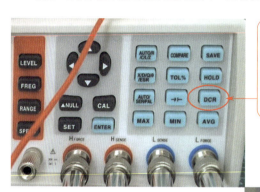

①按DCR按钮将测量功能模式设置为DCR，即专用测量电阻阻值。提示：也可以按AUTO/R/C/L/Z按钮将测量功能模式设置为ERs-X（串联方式测量电阻阻值）。

②用数字电桥的红色测量夹夹住电阻的一端，黑色测量夹夹住电阻的另一端进行测量。之后从显示屏中读取测量数据。

电阻阻值

图 1-15　测量电阻

1.2.3 数字电桥测量电感实战

数字电桥除了可以测试电感在不同频率下的电感量，还可以测试电感的 Q 值，我们可以通过对比 Q 值来判断电感的内部损坏情况。

测量电感时，将功能模式参数设置为 ELs（Ls）或 ELp（Lp），即测电感，然后设置频率和串并联模式，最后将两个线夹接电感器两个引脚就可以测量了。

对于电感器通常可以选择 100Hz、1kHz、10kHz 等不同的频率进行测试。一般测试大电感器（如 1H 电感）时，采用低频率（如 100Hz），并联方式测量；测试中小电感器（如 1mH、1μH 电感）时，采用中频率（如 1kHz），串联方式测量；测试小电感器（如 1nH 电感）时，采用高频率（如 10kHz），串联方式测量。

数字电桥测量电感的方法如图 1-16 所示（以 22μH 的电感为例）。

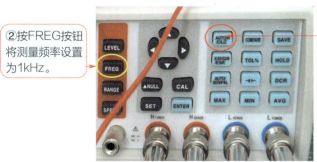

②按FREG按钮将测量频率设置为1kHz。

①按AUTO/R/C/L/Z按钮将测量功能模式设置为Ls-Q，即用串联方式测量电感的电感量和Q值。提示：如果想设置成并联方式，按AUTO/SER/PAL按钮。

③用数字电桥的红色测量夹夹住电感的一端，黑色测量夹夹住电感的另一端进行测量。之后从显示屏中读取测量数据。

电感的电感量 → Ls: 22.254 uH

电感的Q值 → Q: 0.19765

图 1-16　测量电感

1.3　热风枪焊接 / 拆卸芯片实战

热风枪是一种常用于电子焊接的手动工具，通过给焊料（通常是指锡丝）供热，使其熔化，从而达到焊接或分开电子元器件的目的。热风枪主要由气泵、线性电路板、气流稳定器、外壳、手柄组件和风枪组成。热风枪外形如图 1-17 所示。

1.3.1　热风枪焊接贴片小元器件实战

进行焊接操作时，热风枪的风枪前端网孔在通电时不得插入金属导体，否则会导致发热体损坏甚至使人体触电，发生危险。另外在使用结束后要注意冷却机身，关电后不要迅速拔掉电源，应等待发热管吹出的短暂冷风结束再拔掉电源，以免影响使用寿命。

风枪

电源开关

风力旋钮

温度旋钮

图 1-17　热风枪

使用热风枪焊接贴片小元器件（如贴片电阻、贴片电容等）的方法如图 1-18 所示。

①将热风枪的温度开关调至3级，风力调至2级，然后打开热风枪的电源开关。

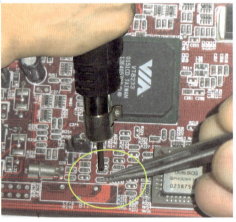

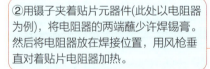

②用镊子夹着贴片元器件(此处以电阻器为例)，将电阻器的两端蘸少许焊锡膏。然后将电阻器放在焊接位置，用风枪垂直对着贴片电阻器加热。

③将风枪嘴放在元件上方2~3cm处对准元件，加热3s，待焊锡熔化停止加热。最后用电烙铁给元器件的两个引脚补焊，加足焊锡。

图 1-18　使用热风枪焊接贴片小元器件的方法

提示 　　对于贴片电阻器的焊接一般不用电烙铁。用电烙铁焊接时，一方面，由于两个焊点的焊锡不能同时熔化，可能导致焊斜；另一方面，焊第二个焊点时，由于第一个焊点已经焊好，如果下压第二个焊点，可能会损坏电阻或第一个焊点。

提示 　　用电烙铁拆焊贴片电容时，要用两个电烙铁同时加热两个焊点使焊锡熔化，在焊点熔化状态下用烙铁尖向侧面拨动使焊点脱离，然后用镊子取下。

1.3.2　热风枪拆卸多引脚芯片实战

拆卸多引脚贴片芯片的方法如图 1-19 所示。

①将热风枪的温度开关调至5级，风力调至4级，然后打开热风枪的电源开关。

②将要拆卸的芯片周围用防烫胶布粘上，以防在加热芯片的过程中将周围的小元器件吹掉。同时在要拆卸的芯片引脚上涂上助焊剂。

图 1-19

③用风枪垂直对着芯片引脚旋转加热，待引脚的焊锡有熔化迹象后，用镊子轻轻地推动一下芯片。

④如果引脚的焊锡完全熔化，芯片会被推离焊盘，就完成了拆卸；如果引脚的焊锡还没完全熔化，则继续加热引脚。

图 1-19　拆卸多引脚贴片芯片的方法

1.3.3　热风枪焊接多引脚芯片实战

　　焊接多引脚贴片芯片的方法如图 1-20 所示。

①将热风枪的温度开关调至5级，风力调至4级，然后打开热风枪的电源开关。

②在焊接芯片前，先将焊盘清理干净。用电烙铁和吸锡带在焊盘上加热，将焊盘上原来的焊锡清理干净。

③在焊盘上涂上一些助焊剂。

④在焊盘上涂抹少许的焊锡膏。

⑤将要焊接的芯片放在电路板上的焊接位置，并微调芯片让其引脚正好对准焊盘对应的位置。

⑥用热风枪垂直对着贴片芯片的引脚旋转加热，待焊锡熔化后，停止加热。

⑦焊接完毕后，检查一下有无焊接短路的引脚。如果有，用电烙铁对短路引脚进行加热修复。

图 1-20　焊接多引脚贴片芯片的方法

1.4 直流可调稳压电源使用技巧

直流可调稳压电源在检修过程中，可代替电源适配器或可充电电池供电，是智能手机检修过程中一种必备的工具设备。

通常在检修故障智能手机的过程中，还可通过直流可调稳压电源显示的数据，判断电路工作状态，从而为故障分析提供相关依据或数据参考。如图 1-21 所示为常见的直流可调稳压电源。

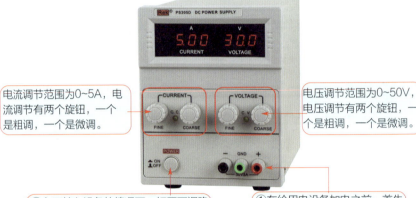

电流调节范围为0~5A，电流调节有两个旋钮，一个是粗调，一个是微调。

电压调节范围为0~50V，电压调节有两个旋钮，一个是粗调，一个是微调。

②在不接入设备的情况下，打开可调稳压电源的开关，将电压调整到设备所需要的电压，然后关掉开关，将电源的输出线接入用电设备，再打开电源开关。

①在给用电设备加电之前，首先要确认用电设备的电压和电流的大小，检查输出连接线的正负极是否正确。

图 1-21　常见的直流可调稳压电源

注意：如果接入用电设备后发现电压值达不到设定值，这时要观察电流旋钮侧的电流指示灯是否亮，如果亮了，说明电流设定值太小，旋转电流调节旋钮，使电流指示灯熄灭。如果电流调节旋钮旋到底，电流指示灯仍然不熄灭，那就是用电设备的功率过大，或者是用电设备严重短路。这是可调稳压电源的过流保护功能。

第 2 章

工业电路板元器件
好坏检测实战

电子元器件是工业电路板的基本组成部件，工业电路板的故障都是由这些基本元器件故障引起的，维修工业电路板的过程就是通过检测元器件的好坏，找到并代换这些损坏的元器件，使工业电路板的功能恢复正常的过程。因此在学习工业电路板维修之前，应先掌握电子元器件好坏检测方法。

2.1　电阻器好坏检测实战

电阻器是电路元件中应用最广泛的一种，在电子设备中约占元件总数的30%。在电路中，电阻器的主要作用是稳定和调节电路中的电流和电压，即控制某一部分电路的电压和电流比例。

2.1.1　扫码学电阻器维修基本知识

电路板中常用电阻器、电路图中电阻器参数和图形符号、电阻器的标识，以及计算色环电阻器阻值等知识，请扫码学习。

2.1.2　固定电阻器好坏检测实战

电阻器的检测相对来说要简单一些，在实际维修中，通常先用万用表两支表笔接电阻器的两端，进行简单的测量来判断电阻器是否短路损坏，如图 2-1 所示。

另外，可以通过测量电阻器的实际阻值，然后与标称阻值进行比较来判断好坏。开始可以采用在路检测，如果不能确定在路测量结果的准确性，就将其从电路中拆焊下来，开路检测其阻值。电阻器开路检测过程如图 2-2 所示（以指针万用表为例）。

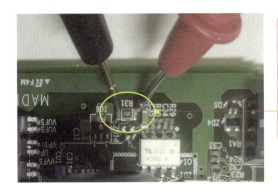

①将数字万用表调到蜂鸣挡，然后将红黑表笔分别接在待测的电阻器两端进行测量。

②如果万用表发出蜂鸣声，说明电阻器可能短路（标称阻值很小的电阻和保险电阻除外）；如果没有蜂鸣声，则还需测量电阻器的实际阻值来判断好坏。

图2-1　简单判断电阻器好坏

①将万用表调至欧姆挡，并调零，然后根据被测电阻器的标称阻值来选择万用表量程（如选择R×10k挡）。

②将两表笔分别与电阻的两引脚相接即可测出实际电阻值（如图中所测阻值为200kΩ）。

③根据电阻误差等级不同，算出误差范围，若实测值已超出标称值说明该电阻已经不能继续使用了，若仍在误差范围内说明电阻仍可继续使用。

图2-2　测量电阻器

2.1.3　保险电阻器好坏检测实战

保险电阻器的阻值接近 0，可以通过检查外观和测量阻值来判断其好坏，如图2-3所示。

2.1.4　压敏电阻好坏检测实战

压敏电阻检测方法如图 2-4 所示。

2.1.5　热敏电阻好坏检测实战

热敏电阻检测方法如图 2-5 所示。

①在电路中，多数保险电阻器的短路故障可根据观察作出判断。例如，若发现保险电阻器表面烧焦或发黑（也可能会伴有焦味），可断定保险电阻器已被烧毁。

②检测保险电阻时，可以用数字万用表的蜂鸣挡，或指针万用表欧姆挡的R×1挡来测量。若测得的阻值为无穷大，则说明此保险电阻器已经断路损坏。若测得的阻值与0接近说明该保险电阻器基本正常。如果测得的阻值较大则需要拆下保险电阻进行进一步测量来判断。

图2-3　保险电阻器的检测

测量时，选用万用表欧姆挡的R×1k挡或R×10k挡，将两表笔分别加在压敏电阻两端，测出压敏电阻的阻值，交换两表笔再测一次。若两次测得的阻值均为无穷大，说明被测压敏电阻质量合格，否则证明其漏电严重而不可使用。

图2-4　压敏电阻器的检测方法

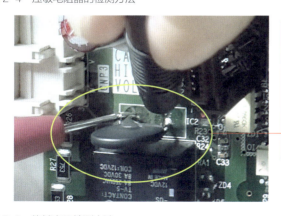

测量时，选用指针万用表欧姆挡的R×1挡或数字万用表200欧姆挡，然后将两表笔分别加在热敏电阻两端，测出热敏电阻的阻值。若测得的阻值与标称阻值一致或接近（通常为几欧），则被测热敏电阻正常；如果测量的阻值为无穷大或0，说明热敏电阻损坏。

图2-5　热敏电阻检测方法

2.1.6 如何代换损坏的电阻器

电阻器代换方法如下：

① 代换电阻器时，要用相同种类、相同阻值、相同功率的电阻器代换。

② 如果手头没有同规格的电阻器，也可以用电阻器串联或并联的方法做应急处理。需要注意的是，代换电阻必须比原电阻有更稳定的性能、更高的额定功率，但阻值只能在标称容量允许的误差范围内。

③ 如果手头没有同种类的电阻器，对于普通固定电阻器，可以用额定阻值、额定功率均相同的金属膜电阻器或碳膜电阻器代换；对于碳膜电阻器，可以用额定阻值及额定功率相同的金属膜电阻器代换。

2.2 ▶ 电容器好坏检测实战

电容器是在电路中使用最广泛的元器件之一，它由两个相互靠近的导体极板中间夹一层绝缘介质构成，是一种重要的储能元件。

2.2.1 扫码学电容器维修基本知识

电路板中常用电容器、电路图中电容器参数和图形符号、电容器的标识等知识，请扫码学习。

2.2.2 贴片小容量电容器好坏检测实战

现在很多电路的小容量电容器大多采用贴片电容器，小容量电容器由于容量太小，用万用表无法测量出其具体容量，只能定性地检查其绝缘电阻，即有无漏电、内部短路或击穿现象，不能定量判定质量。

检测小容量贴片电容器的方法如图 2-6 所示。

①将数字万用表调到蜂鸣挡或将指针万用表调到R×10k挡，然后用两表笔分别接电容器的两个引脚测量。
②调换两支表笔，再次测量。正常的贴片电容器两次测量的阻值应为无穷大。如果测量的阻值为0或有一定的阻值，说明电容漏电损坏或内部击穿。

图 2-6 贴片小容量电容器的测量方法

2.2.3　大容量电容器好坏检测实战

对于 0.01μF 以上大容量电容器的检测，采用如图 2-7 所示的方法。

①将指针万用表调到欧姆 R×10k 挡，然后对万用表进行调零，接着将两支表笔接电容器的两只引脚。

②测试时，观察万用表指针有无向右摆动。若无摆动说明电容器损坏。
③交换两支表笔，观察表针向右摆动后能否再回到无穷大位置，若不能回到无穷大位置，说明电容器有问题。

图 2-7　0.01μF 以上大容量电容器的检测方法

2.2.4　数字万用表测量电容器容量实战

用数字万用表的电容测量插孔测量电容器容量的方法如图 2-8 所示。

①根据电容器的标注容量，将万用表功能旋钮调到电容挡，量程大于被测电容容量。
②将电容器的两极用镊子短接放电。然后将电容器的两只引脚插入电容测量插孔中。
③从显示屏上读出电容值。将读出的值与电容器的标称值比较，若相差太大，说明该电容器容量不足或性能不良，不能再使用。

图 2-8　用数字万用表的电容测量插孔测量电容器容量的方法

2.2.5　如何代换损坏的电容器

电容器损坏后，原则上应使用与其类型相同、主要参数相同、外形尺寸相近的电容器来代换。但若找不到同类型电容器，也可用其他类型的电容器代换。

电容器代换方法如图 2-9 所示。

①普通电容器代换时，原则上应选用同型号、同规格电容器代换。如果找不到相同规格的电容器，可以选用容量基本相同、耐压参数相等或大于原电容器参数的电容器代换。特殊情况下，需要考虑电容器的温度系数。

②对于一般的电解电容，通常可以用耐压值较高、容量相同的电解电容器代换。用于信号耦合、旁路的铝电解电容器损坏后，也可用与其主要参数相同但性能更优的电解电容器代换。

图 2-9　电容器代换方法

2.3　电感器好坏检测实战

电感器是一种能够把电能转化为磁能并储存起来的元器件，它主要的功能是阻止电流的变化。当电流从小到大变化时，电感阻止电流的增大；当电流从大到小变化时，电感阻止电流减小。电感器常与电容器配合在一起工作，在电路中主要用于滤波（阻止交流干扰）、振荡（与电容器组成谐振电路）、波形变换等。

2.3.1　扫码学电感器维修基本知识

电路板中常用电感器、电路图中电感器参数和图形符号、电感器的标识等知识，

全彩视频版

请扫码学习。

2.3.2　通过测量阻值判断电感器好坏实战

　　一般来说，电感器的线圈匝数不多，直流电阻很低，因此，用万用表电阻挡进行测量。电感器的检测方法如图 2-10 所示。

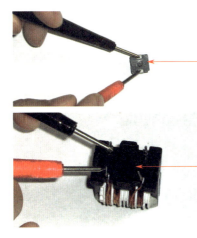

①测量时，用数字万用表的蜂鸣挡，或指针万用表的 R×10 挡进行测量。
②对于贴片电感，此时的读数应为零，若万用表读数偏大或为无穷大，则表示电感损坏。

③对于线圈匝数较多、线径较细的电感，测量读数会达到几十到几百欧。通常情况下线圈的直流电阻只有几欧。如果电感损坏，多表现为发烫。

图 2-10　万用表检测电感器的方法

2.3.3　如何代换损坏的电感器

　　电感器损坏后，原则上应使用与其性能类型相同、主要参数相同、外形尺寸相近的电感器来代换。但若找不到同类型电感器，也可用其他类型的电感器代换。

　　代换电感器时，首先应考虑其性能参数（例如电感量、额定电流、品质因数等）及外形尺寸是否符合要求。几种常用的电感器的代换方法如图 2-11 所示。

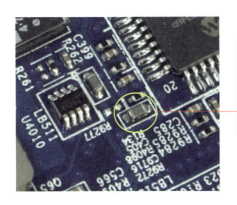

①对于贴片式小功率电感元件，由于其体积小、线径细、封装严密，一旦通过的电流过大，内部温度上升后热量不易散发，因此，出现断路或者匝间短路的概率是比较大的。代换时只要体积大小相同即可。

图 2-11

②对于体积大、铜线粗的大功率储能电感，其损坏概率很小。如果要代换这种电感元件，必须型号相同，对应的体积、匝数、线径都相同才能代换。

图 2-11　几种常用的电感器的代换方法

二极管好坏检测实战

二极管又称晶体二极管，是常用的电子元件之一。它最大的特性就是单向导电，在电路中，电流只能从二极管的正极流入，负极流出。利用二极管的单向导电性，可以把方向交替变化的交流电变换成单一方向的脉冲直流电。另外，二极管在正向电压作用下电阻很小，处于导通状态；在反向电压作用下，电阻很大，处于截止状态，如同一只开关。利用二极管的开关特性，可以组成各种逻辑电路（如整流电路、检波电路、稳压电路等）。

2.4.1　扫码学二极管维修基本知识

电路板中常用二极管、电路图中二极管参数和图形符号等知识，请扫码学习。

2.4.2　通过测量管电压判断二极管好坏实战

二极管的检测主要利用二极管单向导电特性，即二极管正向电阻小、反向电阻大。检测时，将指针万用表调到欧姆挡的 R×1k 挡，然后将两支表笔接在二极管的两端，测量二极管的正、反向阻值。如果测得二极管的正、反向电阻值都很小，则说明二极管内部已击穿短路或漏电损坏；如果测得二极管的正、反向电阻值均为无穷大，则说明该二极管已开路损坏。

除了测量二极管的正、反向阻值来判断好坏外，还可以通过测量二极管的管电压来判断二极管好坏。下面用数字万用表的二极管挡来对二极管进行检测，其方法如图 2-12 所示。

2.4.3　如何代换损坏的二极管

当二极管损坏后，可以用同型号的二极管代换。如果没有同型号的二极管，可以用参数相近的其他型号的二极管来代换。

二极管挡符号

测量的值为0.574V

①将万用表调到二极管挡。注意，有的万用表二极管挡和蜂鸣挡在一个挡位，需要用SEL/REL按键切换。调到二极管挡后，万用表的显示屏上会出现一个二极管的符号。

②将万用表的红表笔接二极管的正极，黑表笔接负极，测量正向压降。普通二极管的正向压降为0.4~0.8V，肖特基二极管的正向压降在0.3V以下，稳压二极管的正向压降有可能在0.8V以上。
③如果测量的管电压不在正常范围内，说明二极管损坏。如果测量的二极管正向压降低于0.1V时，说明二极管内部短路损坏。

图 2-12　用数字万用表对二极管进行检测的方法

2.5 三极管好坏检测实战

　　三极管全称为晶体三极管，具有电流放大作用，是电子电路的核心元件。三极管是一种控制电流的半导体器件，其作用是把微弱信号放大成幅度值较大的电信号。

　　三极管是在一块半导体基片上制作两个相距很近的 PN 结而制成的，两个 PN 结把整块半导体分成三部分，中间部分是基区，两侧部分是发射区和集电区，排列方式有 PNP 和 NPN 两种。

　　三极管按材料分有两种：锗管和硅管。而每一种又有 NPN 和 PNP 两种结构形式，但使用最多的是硅 NPN 和锗 PNP 两种三极管。

2.5.1 扫码学三极管维修基本知识

电路板中的三极管、电路图中三极管参数和图形符号等知识，请扫码学习。

2.5.2 通过测量阻值判断三极管好坏实战

通过测量三极管各引脚电阻值来检测三极管好坏如图2-13所示。

①利用三极管内PN结的单向导电性，检查各极间PN结的正反向电阻值。如果相差较大，说明管子是好的。如果正反向电阻值都大，说明管子内部有断路或者PN结性能不好。如果正反向电阻都小，说明管子极间短路或者被击穿了。

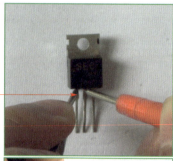

②测PNP小功率锗管时，用万用表欧姆挡的R×100挡，红表笔接集电极，黑表笔接发射极，相当于测三极管集电结承受反向电压时的阻值，高频管读数应在50kΩ以上，低频管读数应在几千欧到几十千欧范围内。测NPN锗管时，表笔极性相反。

③测NPN小功率硅管时，用万用表欧姆挡的R×1k挡，黑表笔接集电极，红表笔接发射极，由于硅管的穿透电流很小，阻值应在几百千欧以上，一般表针不动或者微动。

④测大功率三极管时，由于PN结大，一般穿透电流值较大，用万用表欧姆挡的R×10挡测量集电极与发射极的极间反向电阻，应在几百欧以上。

图2-13　测量各种三极管的阻值

诊断方法：如果测得阻值偏小，说明管子穿透电流过大。如果测试过程中表针缓缓向低阻方向摆动，说明管子工作不稳定。如果用手捏管壳，阻值减小很多，说明管子热稳定性很差。

2.5.3 如何代换损坏的三极管

三极管的代换方法如图 2-14 所示。

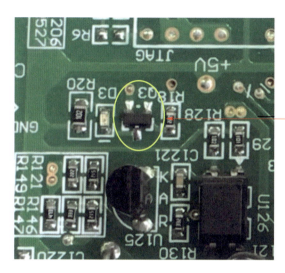

当三极管损坏后，最好选用同类型（材料相同、极性相同）、同特性（参数值和特性曲线相近）、同外形的三极管代换。如果没有同型号的三极管，则应选用耗散功率、最大集电极电流、最高反向电压、频率特性、电流放大系数等参数相同的三极管代换。

图 2-14 三极管的代换方法

2.6 场效应管好坏检测实战

场效应晶体管简称场效应管，是一种用电压控制电流大小的器件，是利用控制输入回路的电场效应来控制输出回路电流的半导体器件，带有 PN 结。

2.6.1 扫码学场效应管维修基本知识

电路板中常用的场效应管、电路图中场效应管参数和图形符号等知识，请扫码学习。

2.6.2 数字万用表检测场效应管好坏实战

用数字万用表检测场效应管的方法如图 2-15 所示。

2.6.3 指针万用表检测场效应管好坏实战

用指针万用表检测场效应管的方法如图 2-16 所示。

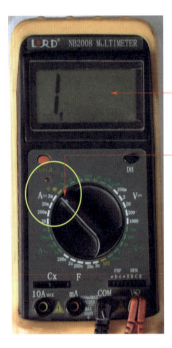

①将数字万用表调到二极管挡，然后将场效应管的三只引脚短接放电，接着用两支表笔分别接触场效应管三只引脚中的两只，测得三组数据。

②如果其中两组数据为1.（无穷大），另一组数据在0.3~0.8V之间，说明场效应管正常；如果其中有一组数据为0，则场效应管被击穿。

图 2-15　用数字万用表检测场效应管的方法

①测量场效应管的好坏也可以使用万用表欧姆挡的R×1k挡。测量前同样需将三只引脚短接放电，以避免测量中产生误差。

②用万用表的两表笔任意接触场效应管的两只引脚，好的场效应管测量结果应只有一次有读数，并且值在4~8kΩ，其他均为无穷大。

③如果在最终测量结果中测得只有一次有读数，并且为0时，需短接该组引脚重新测量。如果重测后阻值在4~8kΩ则说明场效应管正常；如果有一组数据为0，说明场效应管已经被击穿。

图 2-16　用指针万用表检测场效应管的方法

2.6.4　如何代换损坏的场效应管

场效应管代换方法如图 2-17 所示。

①场效应管损坏后，最好用同类型、同特性、同外形的场效应管更换。如果没有同型号的场效应管，则可以采用其他型号的场效应管代换。

②一般N沟道的与N沟道的场效应管代换，P沟道的与P沟道的场效应管进行代换。

③功率大的可以代换功率小的场效应管。小功率场效应管代换时，应考虑其输入阻抗、低频跨导、夹断电压或开启电压、击穿电压等参数；大功率场效应管代换时，应考虑击穿电压（应为功放工作电压的2倍以上）、耗散功率（耗散功率与放大器输出功率的比值应达到0.5~1）、漏极电流等参数。

图 2-17　场效应管代换方法

2.7　变压器好坏检测实战

变压器是利用电磁感应的原理来改变交流电压的一种装置，它可以把一种电压的交流电转换成相同频率的另一种电压的交流电。变压器主要由初级线圈、次级线圈和铁芯（磁芯）组成。其中开关电源电路中主要使用的是开关变压器。

2.7.1　扫码学变压器维修基本知识

电路板中常用变压器、电路图中变压器参数和图形符号等知识，请扫码学习。

2.7.2　通过观察外貌来检测变压器好坏

通过观察外貌来检测变压器的方法如图 2-18 所示。

①检测变压器首先要检查变压器外表是否有破损，观察线圈引线是否断裂、脱焊，绝缘材料是否有烧焦痕迹，铁芯紧固螺杆是否有松动，硅钢片有无锈蚀，绕组线圈是否有外露，等。如果有这些现象，说明变压器有故障。

②在空载加电后的几十秒内用手触摸变压器的铁芯，如果有烫手的感觉，则说明变压器有短路点存在。

图 2-18　通过观察外貌来检测变压器的方法

2.7.3　通过测量变压器绝缘性判断好坏实战

通过测量绝缘性检测变压器的方法如图 2-19 所示。

①变压器的绝缘性测试是判断变压器好坏的一种好的方法。测试绝缘性时，将指针万用表的挡位调到 R×10k 挡。然后分别测量铁芯与初级、初级与各次级、铁芯与各次级、静电屏蔽层与初次级、次级各绕组间的电阻值。
②如果万用表指针均指在无穷大位置不动，说明变压器正常。否则，说明变压器绝缘性能不良。

图 2-19　通过测量绝缘性检测变压器的方法

2.7.4　通过检测变压器线圈通断判断好坏实战

通过检测线圈通断检测变压器的方法如图 2-20 所示。

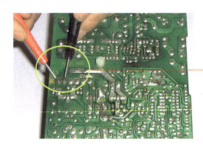

①如果变压器内部线圈发生断路，变压器就会损坏。检测时，将指针万用表调到 R×1 挡进行测试。
②如果测得某个绕组的电阻值为无穷大，则说明此绕组有断路性故障。

图 2-20　通过检测线圈通断检测变压器的方法

2.7.5　如何代换损坏的变压器

电源变压器的代换方法如图 2-21 所示。

①当电源变压器损坏后，可以选用铁芯材料、输出功率、输出电压相同的电源变压器代换。在选择电源变压器时，要与负载电路相匹配，电源变压器应留有功率余量，输出电压应与负载电路供电部分的交流输入电压相同。

②对于电源电路，可选用"E"形铁芯电源变压器。对于高保真音频功率放大器的电源电路，则应选用"C"形变压器或环形变压器。

图 2-21　电源变压器的代换方法

2.8 继电器好坏检测实战

继电器是自动控制中常用的一种电子元件，它是利用电磁原理、机电或其他方法实现接通或断开一个或一组接点的一种自动开关，以实现对电路的控制功能。继电器是在自动控制电路中起控制与隔离作用的执行部件，它实际上是一种可以用低电压、小电流来控制大电流、高电压的自动开关。其中，电磁继电器主要由铁芯、电磁线圈、衔铁、复位弹簧、触点、支座及引脚等组成。

2.8.1 扫码学继电器维修基本知识

电路板中常用的继电器、电路图中继电器参数和图形符号等知识，请扫码学习。

2.8.2 通过测量线圈阻值判断继电器好坏实战

测量继电器的方法如图 2-22 所示。

①将万用表的挡位调到R×1挡。然后将两表笔分别接到固态继电器的输入端和输出端引脚上，测量其正反向电阻值的大小。

②如果继电器的输入端正向电阻为一个固定值，反向电阻为无穷大，而输出端的正、反向电阻均为无穷大，则可以判断此继电器正常。如果反向电阻为0，则继电器线圈短路损坏。如果输出端阻值为0，则说明继电器触点有短路损坏。

图 2-22　测量继电器

2.9 晶振好坏检测实战

晶振是晶体振荡器（有源晶振）和晶体谐振器（无源晶振）的统称，其作用在于产生原始的时钟频率，这个频率经过频率发生器的放大或缩小后就成了电路中各种不同的总线频率。通常无源晶振需要借助时钟电路才能产生振荡信号，自身无法振荡起来，而有源晶振是一个完整的谐振振荡器，可自己产生振荡信号。

2.9.1 扫码学晶振维修基本知识

电路板中常用的晶振、电路图中晶振参数和图形符号等知识，请扫码学习。

2.9.2 通过电压/阻值/波形判断晶振好坏实战

晶振的常用检测方法包括测电压、测对地阻值、测正反向阻值、测量波形及代换检测等，下面将重点讲解这些检测方法。

（1）测量晶振的电压

检测时，先给电路板加电，然后用万用表测量晶振两引脚的电压，正常情况下两引脚电压不一样，会有压差。如果无压差，说明晶振已发生损坏，如图 2-23 所示。

①将万用表调到直流电压2V挡。
②将数字万用表的黑表笔接地，红表笔分别接晶振的两个引脚，测量两个引脚的电压，记录两次测量的电压值。

图 2-23　测量晶振电压

（2）测量对地阻值

检测时，分别测量晶振两引脚的对地电阻值，正常情况下晶振两引脚的对地电阻值应在 300 ~ 800Ω。如果超过这一范围，则说明晶振已发生损坏，如图 2-24 所示。

（3）测量晶振引脚间的正反向阻值

开路检测晶振两引脚间的正反向阻值，正常情况下，无论是正向电阻还是反向电阻均应为无穷大，否则说明晶振已发生损坏，如图 2-25 所示。

①将万用表
调到蜂鸣挡。

②将数字万用表的黑表笔接地，红表笔
分别接晶振的两个引脚，测量两个引脚
的电阻值，记录两次测量的电阻值。

图 2-24　测量晶振对地阻值

①将数字万用
表调到欧姆挡
的400k挡（或
指针万用表的
R×10k挡）。

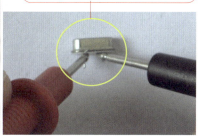

②将两表笔任意接在晶振的两引脚
上测量其阻值，之后再调换表笔进
行测量，记录两次测量的电阻值。

图 2-25　测量晶振引脚间的正反向阻值

（4）测量晶振的波形

给测量的电路板通电，然后用频率表或示波器测其工作频率，正常情况下，其工作频率应在标识频率范围内，如图 2-26 所示。

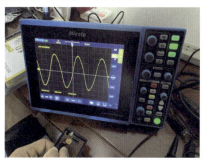

图 2-26　测量晶振的波形

2.9.3 如何代换损坏的晶振

由于晶振的工作频率及所处的环境温度普遍比较高，所以晶振比较容易出现故障。因为相当一部分电路对晶振的要求是非常严格的，所以通常在更换晶振时都要用原型号的新品，否则将无法正常工作。

2.10 集成运算放大器好坏检测实战

集成运算放大器简称集成运放或运放，它是由多级直接耦合放大电路组成的高增益模拟集成电路。集成运算放大器是线性集成电路中最通用的一种。集成运算放大器是一种可以进行数学运算的放大电路，它不仅可以通过增大或减小模拟输入信号来实现放大，还可以进行加减法以及微积分等运算。所以，运算放大器被广泛应用于各种变频电路和检测电路中。如图 2-27 所示为电路中的集成运算放大器。

| LM358 | LM324 | LF356 | TL082 | TLE2072 |

图 2-27　电路中的集成运算放大器

2.10.1　扫码学集成运算放大器维修基本知识

电路板中常用的集成运算放大器、电路图中运算放大器参数和图形符号等知识，请扫码学习。

2.10.2　通过测量阻值 / 电压判断集成运算放大器好坏实战

测量运算放大器时，可用万用表的欧姆挡检测各引脚间的电阻值，既可以判断运放的好坏，还可以检查各运放参数的一致性。如图 2-28 所示。

注意：测量阻值检测法有一定的局限性，最好将相同型号集成运算放大器的在线或离线测试的经验数据做参考和比较；没有经验测试数据时也要用同型号的集成运算放大器来做离线测量进行比较，否则测出了电阻也难以判断。

另外，可以通过检测输出端与负电源端电压值判断运算放大器好坏，如图 2-29 所示。

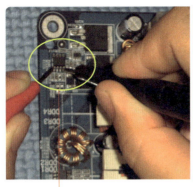

测量时选用指针万用表欧姆挡的R×1k挡，依次测出运算放大器芯片各引脚的电阻值，同相输入端IN+和正电源端Vcc、负电源端-Vcc间的阻值，反相输入端IN-和正电源端Vcc、负电源端-Vcc间的阻值，输出端OUT和正电源端Vcc、负电源端-Vcc间的阻值，同相输入端IN+和反相输入端IN-间的电阻值。只要各对应引脚之间的电阻值基本相同，就说明参数的一致性较好。

图2-28 检测运算放大器各引脚间的电阻值

①用万用表直流电压挡的10V挡，测量集成运算放大器的输出端与负电源端之间的电压值，在静态时电压值会相对较高。
②用金属镊子依次点触集成运算放大器的两个输入端，给其施加干扰信号。如果万用表的读数有较大的变动，说明该集成运算放大器是完好的；如果万用表读数没变化，说明该集成运算放大器已经损坏了。

图2-29 集成运算放大器的检测方法

第 3 章

电路图读图实战

看懂电路原理图，并且能在实际工作中灵活运用，是成为专业维修员的基本要求。本章将重点讲解如何看懂复杂的电路原理图。

3.1 电路图读图基础

用各种图形符号表示电阻器、电容器、开关、集成电路等元器件，用线条把元器件和单元电路按工作原理的关系连接起来，就形成了电路图。

日常维修中经常用到的电路图主要是电路原理图，电路原理图就是用来体现电子电路的工作原理的一种电路图。在电路原理图中，用符号代表各种电子元器件，还给出了每个元器件的具体参数，为检测和更换元器件提供依据。另外，它给出了产品的电路结构、各单元电路的具体形式和连接方式。

3.1.1 电路图的组成

电路图主要由元器件符号、连线、结点、注释四大部分组成，如图 3-1 所示。

① 元器件符号表示实际电路中的元件，它的形状与实际的元器件不一定相似，甚至可能完全不一样。但是它一般都表示出了元器件的特点，而且引脚的数目都和实际元件保持一致。

② 连线表示的是实际电路中的导线，在原理图中虽然是一根线，但在常用的印刷电路板中往往不是线而是各种形状的铜箔块，就像收音机原理图中的许多连线在印刷电路板图中并不一定都是线形的，也可以是一定形状的铜膜。还要注意，在电路原理图中的总线的画法经常是采用一条粗线，在这条粗线上再分支出若干支线连到各处。

③ 结点表示几个元件引脚或几条导线之间的连接关系。所有和结点相连的元

件引脚、导线，不论数目多少，都是导通的。在电路中肯定会有交叉的现象，为了区别十字交叉相连和不相连，一般在制作电路图时，给相连的十字交叉点加实心圆点表示，不相连的十字交叉点不加实心圆点或绕半圆表示，也有个别的电路图是用空心圆来表示不相连的。

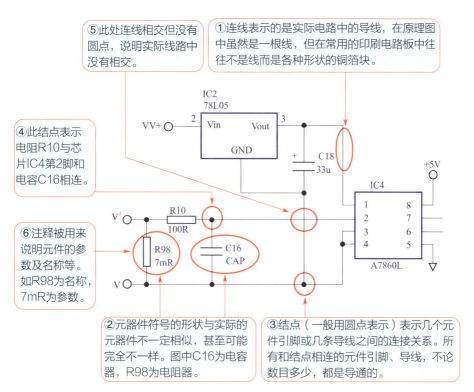

图 3-1　电路图组成元素

④ 注释在电路图中是十分重要的，电路图中所有的文字都可以归入注释一类。细看以上各图就会发现，在电路图的各个地方都有注释存在，它们被用来说明元件的名称、型号、参数等。

3.1.2　在电路图中查询故障元器件实战

在维修电路时，当根据故障现象检查电路板上的疑似故障元器件后（如有元器件发热量较大或外观有明显故障现象），接下来需要进一步了解元器件的功能，这时通常需要先查到元器件的编号，然后根据元器件的编号，结合电路原理图了解到元器件的功能和作用，依次进一步找到具体故障元件。

具体查询方法如下。

① 找出电路板中疑似故障元器件，并记下电路板上元器件的文字标号（N9）。如图 3-2 所示。

查看电路板中故障元器件的文字标号

图3-2　查看电路板中故障元器件的文字标号

② 打开电路原理图的 PDF 文件，在搜索栏中输入元器件的文字标号（N9），搜索元器件的电路图。如图 3-3 所示。

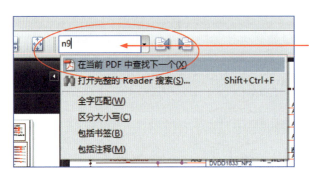

在电路原理图的PDF文件的搜索栏中输入元器件的文字标号（N9），搜索元器件的电路图

图3-3　搜索元器件的电路图

③ 软件会自动跳到搜到的页面，可以看到 N9 元件的电路原理图。根据该元件周围线路标识判断，如标有 SYSTEM EEPROM 和 SYS_EEPROM，说明此芯片的作用是负责存储的，是一个存储系统程序的芯片。如图 3-4 所示。

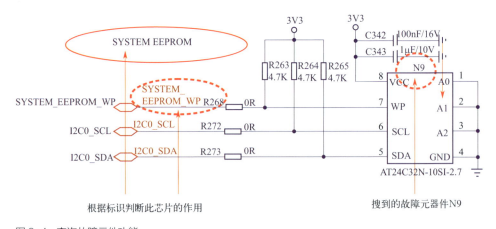

根据标识判断此芯片的作用

搜到的故障元器件N9

图3-4　查询故障元件功能

3.1.3　根据电路原理图查找单元电路元器件实战

　　根据电路原理图找到故障相关电路元器件的编号（如无法开机，就查找电源电路的相关元器件），然后再在电路板上找相应元器件进行检测，方法如下。

　　① 首先根据电路原理图的目录页（一般在第 1 页）查找相关电路的关键词。如供电电路就查找 SYSTEM POWER 对应的页数为第 14 页。如图 3-5 所示。

9	11	SOC:OWL
10	12	SOC:POWER (1/3)
11	13	SOC:POWER (2/3)
12	15	SOC:POWER (3/3)
13	20	NAND
14	21	SYSTEM POWER:PMU (1/3)
15	22	SYSTEM POWER:PMU (2/3)
16	23	SYSTEM POWER:PMU (3/3)
17	24	SYSTEM POWER:CHARGER
18	30	SYSTEM POWER:BATTERY CONN
19	31	SENSORS:MOTION SENSORS

要查找的供电电路

图 3-5　查找相关电路的关键词

　　② 打开第 14 页可以看到电源有关的电路。N89 为电源管理芯片的标号，TPS56220 为此管理芯片的型号。然后在电路板中找电源电路中的元器件进行检测查找故障。如图 3-6 所示。

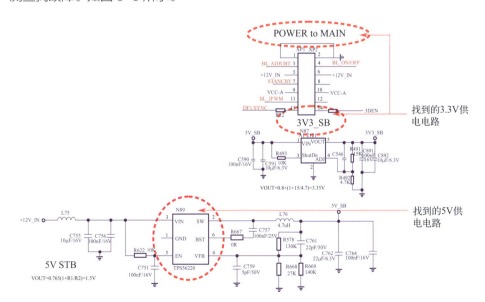

图 3-6　查找相关电路

3.2 看懂电路原理图中的各种标识

读懂电路原理图，首先应建立图形符号与电气设备或部件的对应关系以及明确文字标识的含义，才能了解电路图所表达的功能、连接关系等。如图 3-7 所示。

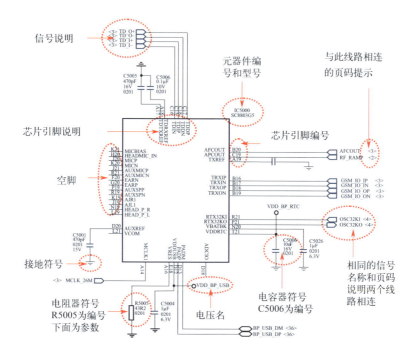

图 3-7 电路图中的各种标识

3.2.1 看懂线路连接页号提示

为了方便用户查找，在每一条非终端的线路上会标识与之连接的另一端信号的页码。根据线路信号的连接情况，可以了解电路的工作原理。如图 3-8 所示。

3.2.2 认识电路图中的接地点

电路图中的接地点如图 3-9 所示。

3.2.3 看懂电路图中的信号说明

信号说明是对该线路传输的信号进行描述。信号说明如图 3-10 所示。

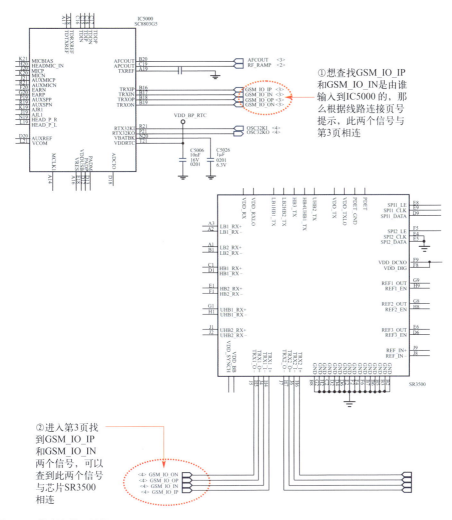

①想查找GSM_IO_IP和GSM_IO_IN是由谁输入到IC5000的，那么根据线路连接页号提示，此两个信号与第3页相连

②进入第3页找到GSM_IO_IP和GSM_IO_IN两个信号，可以查到此两个信号与芯片SR3500相连

图 3-8　线路连接页号提示

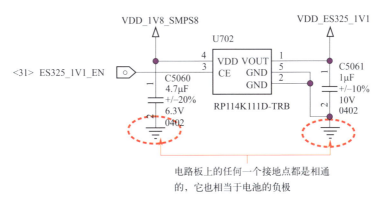

电路板上的任何一个接地点都是相通的，它也相当于电池的负极

图 3-9　电路图中的接地点

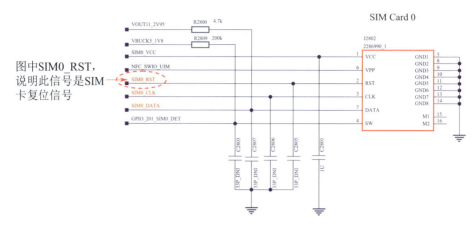

图中SIM0_RST，说明此信号是SIM卡复位信号

图 3-10　信号说明

3.2.4　线路化简标识

线路化简标识一般在批量线路走线时使用。线路化简标识如图 3-11 所示。

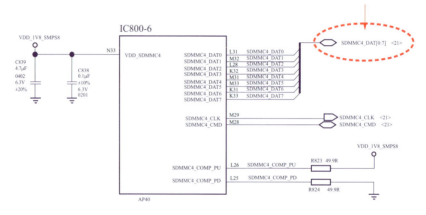

IC800-6 SDMM 的存储器数据总线SDMMC4_DAT0至SDMMC4_DAT7一起连接到FLASH的数据总线

图 3-11　线路化简标识

第 4 章

数字电路故障维修

在工业电路板中经常会用到数字逻辑电路，比如与非门、触发器等。本章重点讲解数字逻辑电路的基本知识、工业电路板中常用的数字逻辑电路芯片及数字逻辑电路维修方法。

 数字电路与模拟电路

集成电路通常可分为数字集成电路和模拟集成电路两大类。其中，数字集成电路大约占据集成电路市场的 85% 份额，模拟集成电路占据 15% 的份额。本节将详细分析数字信号和模拟信号的区别及数字电路和模拟电路的不同特点。

4.1.1 数字信号与模拟信号的区别

电子电路中的信号包括模拟信号和数字信号两种，模拟信号是时间连续的信号，如正弦波信号、锯齿波信号等。如图 4-1 所示为模拟信号图。数字信号是时间和幅度都是离散的信号，如产品数量的统计、数字表盘的读数、数字电路信号等。如图 4-2 所示为数字信号图。

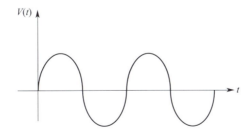

图 4-1　模拟信号图

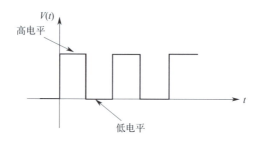

图 4-2　数字信号图

4.1.2　数字电路与模拟电路的特点

（1）数字电路的特点

数字电路是对离散的数字信号（如用 0 和 1 两个逻辑电平来表示的二进制码）进行算术和逻辑运算的集成电路，其基本组成单位为逻辑门电路，包含存储器（DRAM、Flash 等）、逻辑电路（PLDs、门阵列、显示驱动器等）、微型元件（MPU、MCU、DSP）。

数字电路工作时通常只有两种状态：高电位（又称高电平）或低电位（又称低电平）。通常把高电位用代码"1"表示，称为逻辑"1"；低电位用代码"0"表示，称为逻辑"0"（按正逻辑定义的）。

注意：有关产品手册中常用"H"代表"1"，"L"代表"0"。实际的数字电路中，到底要求多高或多低的电位才能表示"1"或"0"，这要由具体的数字电路来定。例如，一些 TTL 数字电路的输出电压等于或小于 0.2V，均可认为是逻辑"0"，等于或者大于 3V，均可认为是逻辑"1"（即电路技术指标）。CMOS 数字电路的逻辑"0"或"1"的电位值是与工作电压有关的。

数字电路的特点为：数字电路的信号是不连续变化的数字信号，所以在数字电路中工作的元器件多数工作在开关状态，即工作在饱和区和截止区，而放大区只是过渡状态。数字电路的主要研究对象是电路输入和输出之间的逻辑关系，因而在数字电路中不能采用模拟电路的分析方法。例如，微变等效电路法等就不适用了。这里的主要分析工具是逻辑代数，表达电路的功能主要用真值表、逻辑表达式及波形图等。

（2）模拟电路的特点

模拟电路主要是指用来处理连续函数形式模拟信号（如声音、光线、温度等）的集成电路，包含通用模拟电路（接口、能源管理、信号转换等）和特殊应用模拟电路（如电源管理芯片和信号链芯片等）。

模拟电路的电信号是连续变化的，其幅值在一定范围内是任意的。所以要求电路要对这种信号不失真地进行放大或处理，因而对元器件及电路参数和外界条件的要求比较严格。例如放大电路中的半导体器件通常要工作在线性放大状态。

4.2 工业电路板中的门电路

凡是对脉冲通路上的脉冲起着开关作用的电子线路就叫作门电路，门电路是基本的逻辑电路。门电路的各输入端所加的脉冲信号只有满足一定的条件时，"门"才打开，即才有脉冲信号输出。门电路可以有一个或多个输入端，但只有一个输出端。像这种实现基本和常用逻辑运算的电子电路，叫逻辑门电路。

在数字电路中，所谓"门"就是只能实现基本逻辑关系的电路。最基本的逻辑关系是与、或、非，最基本的逻辑门是与门、或门和非门。逻辑门可以用电阻、电容、二极管、三极管等分立元件构成，这种门电路称为分立元件门电路。也可以将门电路的所有器件及连接导线制作在同一块半导体基片上，构成集成逻辑门电路。

数字电路中的信号通常只有两种状态，即高电平和低电平。通常高电平用"1"表示，低电平用"0"表示。一般规定低电平为 0 ~ 0.3V，高电平为 3 ~ 5V。

4.2.1 与门

与门又称与电路、逻辑与电路。当所有的输入同时为高电平（逻辑 1）时，输出才为高电平，否则输出为低电平（逻辑 0）。与门有 3 种逻辑符号，如图 4-3 所示。

图 4-3　与门符号

与门的逻辑表达式为 Y=A·B，其真值表如表 4-1 所示。

表 4-1　与门的真值表

输入 A	输入 B	输出 Y
0	0	0
0	1	0
1	0	0
1	1	1

在电路中，常用的与门芯片型号有 74LS08、74LS09 等。如图 4-4 所示为与门芯片实物图及内部结构图。

47

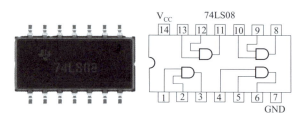

图 4-4　与门芯片实物图及内部结构图

4.2.2　或门

或门是实现逻辑加的电路，又称逻辑和电路，此电路有两个以上输入端，一个输出端。只要有一个或几个输入端是高电平（逻辑 1），或门的输出即为高电平（逻辑 1）。而只有所有输入端为低电平（逻辑 0）时，输出才为低电平（逻辑 0）。

或门有 3 种逻辑符号，如图 4-5 所示。

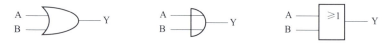

图 4-5　或门符号

或门的逻辑表达式为 Y=A+B，其真值表如表 4-2 所示。

表 4-2　或门的真值表

输入 A	输入 B	输出 Y
0	0	0
0	1	1
1	0	1
1	1	1

在电路中，常用的或门芯片型号有 74LS32 等。如图 4-6 所示为或门芯片实物图及内部结构图。

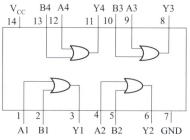

图 4-6　或门芯片实物图及内部结构图

4.2.3 非门

非门又称非电路、反相器、倒相器、逻辑否定电路，它用来实现逻辑代数非的功能，即输出始终和输入保持相反。非门有一个输入端和一个输出端。当其输入端为高电平（逻辑 1）时输出端为低电平（逻辑 0），当其输入端为低电平时输出端为高电平。也就是说，输入端和输出端的电平状态总是反相的。

非门有 3 种逻辑符号，如图 4-7 所示。

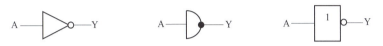

图 4-7　非门符号

非门（反相器）的逻辑表达式为 $Y=\overline{A}$，其真值表如表 4-3 所示。

表 4-3　非门的真值表

输入 A	输入 Y
0	1
1	0

在电路中，常用的非门芯片型号有 74LS04、74LS05、74LS06、74LS14 等。如图 4-8 所示为非门芯片实物图及内部结构图。

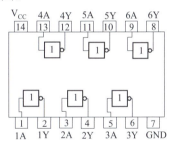

图 4-8　非门芯片实物图及内部结构图

4.2.4 与非门

与非门是与门和非门的叠加，先进行与运算，再进行非运算。其有多个输入和一个输出，只有当所有输入端 A 和 B 均为高电平（逻辑 1）时，输出端 Y 才为低电平（逻辑 0），若输入端 A、B 中至少有一个为低电平（逻辑 0），则输出端 Y 为高电平（逻辑 1）。

与非门有 3 种逻辑符号，如图 4-9 所示。

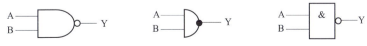

图 4-9　与非门符号

与非门的逻辑表达式为 $Y=\overline{A \cdot B}$，其真值表如表 4-4 所示。

表 4-4　与非门的真值表

输入 A	输入 B	输出 Y
0	0	1
0	1	1
1	0	1
1	1	0

在电路中，常用的与非门芯片型号有 74LS00、74LS03、74LS132 等。如图 4-10 所示为与非门芯片实物图及内部结构图。

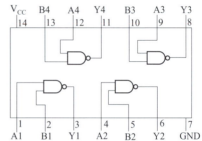

图 4-10　与非门芯片实物图及内部结构图

4.2.5　或非门

或非是逻辑或加逻辑非得到的结果。或非门是数字逻辑电路中的基本元件，其有多个输入端，1 个输出端，多输入或非门可由 2 输入或非门和反相器构成。若输入端中有一个为高电平（逻辑 1）时，输出就是低电平（逻辑 0），只有当所有输入端均为低电平（逻辑 0）时，输出才为高电平（逻辑 1）。

或非门有 3 种逻辑符号，如图 4-11 所示。

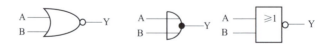

图 4-11　或非门符号

或非门的逻辑表达式为 $Y=\overline{A+B}$，其真值表如表 4-5 所示。

实战工业电路板芯片级维修
（全彩视频版）

表 4-5　或非门的真值表

输入 A	输入 B	输出 Y
0	0	1
0	1	0
1	0	0
1	1	0

在电路中，常用的或非门芯片型号有 74LS02 等。如图 4-12 所示为或非门芯片实物图及内部结构图。

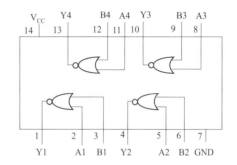

图 4-12　或非门芯片实物图及内部结构图

4.3　工业电路板中的译码器

译码是编码的逆过程。在编码时，每一种二进制代码都被赋予了特定的含义，即都表示了一个确定的信号或者对象。把代码的特定含义"翻译"出来的过程叫作译码，实现译码操作的电路称为译码器。

译码器的种类很多，但它们的工作原理和分析设计方法大同小异，其中二进制译码器、代码转换译码器和显示译码器是三种最典型的、使用十分广泛的译码电路。

二进制译码器，也称最小项译码器、N 中取一译码器，最小项译码器一般是将二进制码译为十进制码。

代码转换译码器，是从一种编码转换为另一种编码。

显示译码器，一般是将一种编码译成十进制码或特定的编码，并通过显示器件将译码器的状态显示出来。

电路中常用的译码器主要有 74LS49、74LS131、74HC42、74HC138、74HC238、74F139 等。图 4-13 所示为电路中常见的译码器。

图 4-13　电路中常见的译码器

4.4 ▶ 工业电路板中的触发器

　　触发器是一种能够存储 1 位二进制数字信号的基本单元电路。触发器具有两个稳定状态，用来表示逻辑 0 和 1，在输入信号作用下，两个稳定状态可以相互转换，输入信号消失后，建立起来的状态能长期保存下来。

　　触发器可以分为 RS 触发器、D 型触发器、JK 触发器、单稳态触发器和施密特触发器等。

　　（1）RS 触发器

　　触发器是具有记忆功能的单元电路，由门电路构成，专门用来接收、存储和输出 0、1 代码。它由两个与非门（或者或非门）的输入和输出交叉连接而成，具有复位和置位功能。RS 触发器是构成其他各种功能触发器的基本组成部分，故又称为基本 RS 触发器。基本 RS 触发器的用途之一是构成"防抖动电路"。

　　RS 触发器逻辑符号如图 4-14 所示。

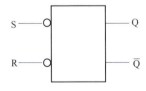

图 4-14　RS 触发器逻辑符号

　　RS 触发器的逻辑功能，可以用输入、输出之间的逻辑关系构成一个真值表来描述，如表 4-6 所示。

表 4-6 RS 触发器真值表

R	S	Q	$\overline{Q}$
0	1	0	1
1	0	1	0
1	1	不变	
0	0	不定	

在电路中，常用的 RS 触发器芯片型号有 74LS71、74LS279 等。如图 4-15 所示为 RS 触发器芯片实物图及内部结构图。

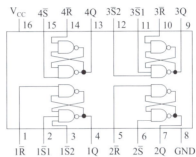

图 4-15　RS 触发器芯片实物图及内部结构图

（2）D 型触发器

D 型触发器又称为 D 锁存器，它只有一个输入端 D ，另外还有一个时钟输入端 CP，用来控制是否接收输入信号。两个输出端：输出端 Q 和反相输出端 $\overline{Q}$。D型触发器输出状态的改变依赖于时钟脉冲的触发，即在时钟脉冲的触发下，数据由输入端 D 传输到输出端 Q。D 型触发器常用于数据锁存、控制电路中。如图 4-16 和表 4-7 所示为 D 型触发器电路符号和真值表。

图 4-16　D 型触发器电路符号

表 4-7　D 型触发器真值表

CP	D	Q	$\overline{Q}$
1	0	0	1
1	1	1	0
0	任意	不变	

常用的 74 系列 D 型触发器主要有 74LS74、74LS574、74HC74、

74HC174、74F74、74F174 等。

（3）JK 触发器

JK 触发器是常用的一种触发器，它有两个数据输入端 J 和 K，另外还有一个时钟输入端 CP，用来控制是否接收输入信号。两个输出端：输出端 Q 和反相输出端 $\overline{Q}$。如图 4-17 和表 4-8 所示为 JK 触发器的电路符号和真值表。

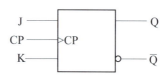

图 4-17　JK 触发器的电路符号

表 4-8　JK 触发器的真值表

CP	J	K	Q	$\overline{Q}$
×	×	×	1	0
×	×	×	0	1
↓	0	0	Q（保持）	$\overline{Q}$（保持）
↓	0	1	0	1
↓	1	0	1	0
↓	1	1	$\overline{Q}$（翻转）	Q（翻转）

常用的 74 系列 JK 触发器主要有 74LS107、74LS76、74HC107、74HC73 等。

（4）单稳态触发器

单稳态触发器是一种重要的时序逻辑电路，它只有一个稳定状态，另一个是暂稳态，经过一段延迟时间后，将自动返回稳定状态。如图 4-18 所示为单稳态触发器的电路符号。

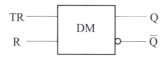

图 4-18　单稳态触发器的电路符号

单稳态触发器中，TR 为触发端，R 为清零端，Q 和 $\overline{Q}$ 为输出端。单稳态触发器进入暂稳态，需要靠触发脉冲的触发：有的单稳态触发器是由触发脉冲的上升沿触发翻转的；有的单稳态触发器是靠触发脉冲的下降沿触发翻转的。当在 TR 端输入一个触发脉冲后，其输出端即输出一个恒定宽度的矩形脉冲。

（5）施密特触发器

施密特触发器是常用的脉冲整形电路之一，其功能是可将缓慢变化的电压信号转变为边沿陡峭的矩形脉冲。同时，施密特触发器还可利用其回差电压来提高电路的抗干扰能力。施密特触发器的电路符号如图 4-19 所示。

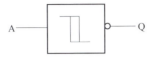

图 4-19　施密特触发器的电路符号

施密特触发器常用于脉冲整形、电压幅度鉴别、模－数转换、接口电路等。常用的 74 系列施密特触发器主要有 74LS14、74HC14、74F14 等。

4.5　工业电路板中的移位寄存器

在数字电路中，用来存放二进制数据或代码的电路称为寄存器。寄存器是由具有存储功能的触发器组合起来构成的。一个触发器可以存储一位二进制代码，存放 N 位二进制代码的寄存器，需用 N 个触发器来构成。

在时钟信号控制下，将所寄存的数据能够向左或向右进行移位的寄存器叫作移位寄存器。向右移位的叫右移位寄存器，向左移位的叫左移位寄存器。具有右移、左移并行置数功能的寄存器叫作通用移位寄存器。移位寄存器中的数据可以在移位脉冲作用下依次逐位右移或左移，数据既可以并行输入、并行输出，也可以串行输入、串行输出，还可以并行输入、串行输出，串行输入、并行输出，十分灵活，用途也很广。

常用的 74 系列移位寄存器主要有 74HC164、74HC165、74LS96、74LS165、74LS166 等。

4.6　维修数字集成电路芯片实战

测量数字集成电路时，可以测量集成电路引脚间的电阻值，也可以测量数字集成电路输出端的电压。

4.6.1　通过检测数字集成电路引脚间的电阻值来判断好坏

　　一般通过检测集成电路各个引脚与接地引脚之间的正、反电阻值，判断集成电路是否正常。测量数字集成电路引脚间的电阻值的方法如图 4-20 所示。

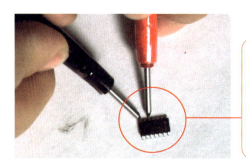

将指针万用表的旋钮调到欧姆挡的R×1k挡或R×100挡，然后分别测量集成电路各引脚与接地引脚之间的正、反向电阻值（内部电阻值），并与正品的内部电阻值相比较。如果测量的电阻值与正品的电阻值完全一致，则数字集成电路正常；否则，数字集成电路损坏。

图 4-20　测量数字集成电路引脚间的电阻值

4.6.2　通过检测数字集成电路输出端的电压值来判断好坏

　　用万用表直流电压挡，测量集成运算放大器的输出端与负电源端之间的电压值，通过测量的电压值来判断集成电路是否正常。测量数字集成电路输出端的电压值的方法如图 4-21 所示（以与非门集成电路为例）。

将万用表调到直流电压挡的20V挡，将与非门集成电路的输入端悬空（相当于输入高电平），然后测量输出端的电压值（输出端应为低电平）。如果测量的输出端电压值低于0.4V，则此集成电路正常；如果高于0.4V，则此数字集成电路损坏。

图 4-21　测量输出端的电压值

提示　　在代换数字集成电路芯片时，一般情况下只允许使用型号完全相同（厂商可以不同）的数字集成电路进行代换。

（全彩视频版）▶

第 5 章

运算放大器电路
故障维修实战

在工业电路板中包含很多用于进行数学运算的放大电路，这些放大电路中都会用到运算放大器，且在实际的维修中，发现运算放大器组成的放大电路出现故障的概率不小。因此，接下来本章将讲解运算放大器组成的放大电路的结构原理及故障检测方法。

5.1 ▶ 图解电路板中的运算放大器电路

运算放大器电路是一种可以进行数学运算的放大电路。运算放大器电路不仅可以通过增大或减小模拟输入信号来实现放大，还可以进行加减法以及微积分等运算。其在工业电路板中应用广泛，接下来将讲解运算放大器电路的组成结构。

运算放大器电路主要由运算放大器芯片、输入端及反馈网络中的电阻器等组成。如图 5-1 所示为工业电路板中的运算放大器电路和对应的电路图。

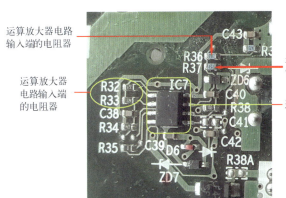

图 5-1

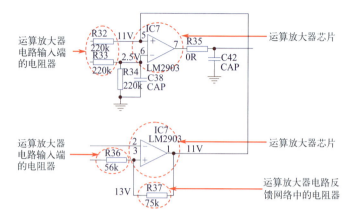

图 5-1 工业电路板中的运算放大器电路和对应的电路图

在电路中运算放大器的文字符号常用字母"N"或"IC"表示。常用的运算放大器图形符号和芯片内部原理图如图 5-2 所示,如表 5-1 所示为运算放大器芯片引脚功能。

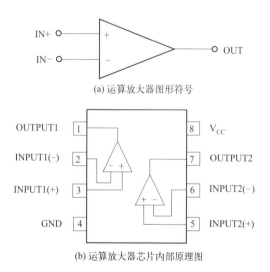

(a) 运算放大器图形符号

(b) 运算放大器芯片内部原理图

图 5-2 运算放大器图形符号和芯片内部原理图

表 5-1 运算放大器芯片引脚功能

引脚号	引脚名称	引脚中文名称	功能
1	OUTPUT1	输出端 1	当同相输入端 1 的电压高于反相输入端 1 的电压时,输出高电平;反之,输出低电平
2	INPUT1(-)	反相输入端 1	用于连接待比较电压的负极
3	INPUT1(+)	同相输入端 1	用于连接待比较电压的正极

引脚号	引脚名称	引脚中文名称	功能
4	GND	接地端	用于连接低电位
5	INPUT2(+)	同相输入端 2	用于连接待比较电压的正极
6	INPUT2(−)	反相输入端 2	用于连接待比较电压的负极
7	OUTPUT2	输出端 2	当同相输入端 2 的电压高于反相输入端 2 的电压时，输出高电平；反之，输出低电平
8	V_{CC}	供电端	连接电源正极

工业电路板中的运算放大器多用于电流检测电路、电压检测电路、报警/停机保护电路等。在工业电路板中常用的运算放大器主要有双电源的运算放大器，如 LF353、LF347、TL072、TL074、TL082、TL084 等；另外，还包括一些单电源的运算放大器，如 LM358、LM324 等。

在电路中常用的运算放大器芯片主要有三个类型：8 引脚单运算放大器、8 引脚双运算放大器、14 引脚四运算放大器。TL081 为 8 引脚单运算放大器，TL082 为 8 引脚双运算放大器、TL084 为 14 引脚四运算放大器。常用运算放大器芯片其实就是 8 脚和 14 脚的双运算放大器和四运算放大器，把这两种芯片引脚功能记住，检修中就不需要随时去查资料了。常见的运算放大器芯片如图 5-3 所示。

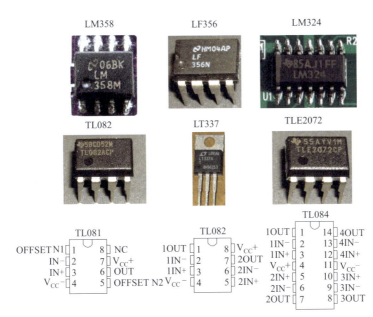

图 5-3　常见的运算放大器芯片

5.2 运算放大器电路的虚短与虚断特性的应用

在模拟电路中，虚短和虚断是两个重要的概念，它们通常与运放电路有关。这两个术语描述了运放电路中的一些重要现象，认识它们对于电子工程师和电路设计师来说至关重要。

5.2.1 虚短与虚断

运算放大器的工作状态大致可以分为线性工作状态和非线性工作状态。一般来说，有负反馈的都是在线性区（即反馈电阻连接在反相输入端的），比如各种同相、反相、差分放大电路都属于这种；无反馈（亦称开环）或正反馈工作在非线性区（即反馈电阻连接在同相输入端的），比如比较器、振荡器电路都属于这类。如图5-4所示。

在理想条件下，当运算放大器线性工作时，同相输入端与反相输入端电压相等。由于理想运算放大器的差模输入电阻趋于无穷大，因此流进运算放大器的同相、反相输入端电流可以视为0。

通过以上分析，可以得到理想运算放大器电路的两个重要的特点：一个是虚短，另一个是虚断。

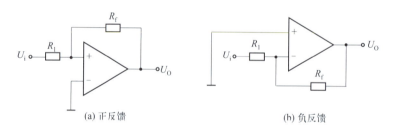

(a) 正反馈   (b) 负反馈

图5-4 运算放大器电路

（1）虚短

由于运算放大器的电压放大倍数很大，一般通用型运算放大器的开环电压放大倍数都在80 dB以上，而运算放大器的输出电压是有限的，一般在10～14V，因此运算放大器的差模输入电压不足1mV，两输入端近似等电位。即同相、反相输入端之间的电压差为0，相当于两输入端短路，但又不是真正的短路，故称为"虚短"。虚短实际上指的是两输入端的电压相同。

（2）虚断

由于运算放大器的差模输入电阻很大，一般通用型运算放大器的输入电阻都在

1MΩ 以上，因此流入运算放大器输入端的电流往往不足 1μA，远小于输入端外电路的电流。故通常可把运算放大器的两输入端视为开路，且输入电阻越大，两输入端越接近开路。但又不是真正的断开，故称为"虚断"。虚断表明两输入端流过的电流小到可以忽略。

显然，理想运算放大器是不存在的，但只要实际运算放大器的性能较好，其应用效果与理想运算放大器很接近，就可以把它近似看成理想运算放大器。

总结：虚短和虚断概念的应用前提是运算放大器工作在线性区，这就决定了运算放大器的输入端电压差只能是一个很小的数值，也是人为设定的。虚短用来得到电压相等，虚断用来得到电流为 0。两者是从运算放大器输入端的宏观效果来看的，虚短是因为输入端的两端电压差很小，虚断是因为流入放大器的电流很小，因为两者不代表电路的实际情况，所以两者并不矛盾。

5.2.2　虚短和虚断在运算放大器电路中的应用

在实际运算放大器电路中，利用运算放大器电路的虚短和虚断的特性可以轻松地计算出放大的比例。下面以反相比例放大电路为例讲解如何计算放大比例，如图 5-5 所示。

由运算放大器电路虚断的特性可以得知流入运算放大器反相输入端的电流为 0，所以流经电阻 R1 的电流等于流经电阻 Rf 的电流。由虚短特性可以得到 $U_n=U_p=0$，由基尔霍夫定律和欧姆定律可以推算出：

$$(U_i-0)/R_1=(0-U_O)/R_f$$

由上面的公式可以得出：

$$U_O=-(R_f/R_1)\times U_i$$

即反相比例放大电路的输出电压是由 R_1 和 R_f 的比例决定的。

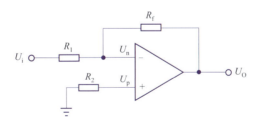

图 5-5　反相比例放大电路

另外，还可以根据运算放大器电路的虚短和虚断的特性来分析实际电路的运行情况，如图 5-6 所示。

首先，根据分压原理得出运算放大器 LM358（U501B）的第 3 脚（同相输入端）的电压为 12V，根据虚短的概念，运算放大器 LM358 的第 2 脚（反相输入端）和第3脚（同相输入端）的电压相等，因此运算放大器LM358（U501B）的第1脚（输出端）的电压为12V。

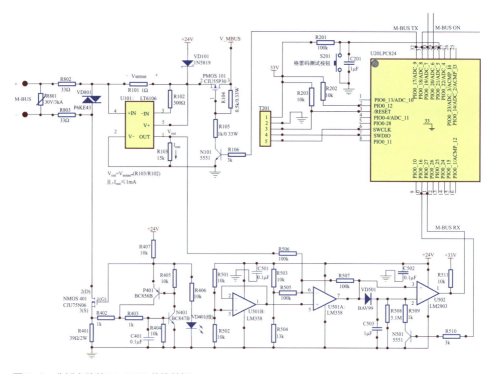

图 5-6　分析电路的 M-BUS 总线数据

同理，根据分压原理可以得到电阻 R504 的电压约为 13.5V。运用虚短的概念可得，运算放大器 LM358（U501A）第 5 脚和第 6 脚的电压相等，可知第 6 脚的电压为 12V。

运用虚断的概念可知，流入第 6 脚的电流近似为 0，因此流过电阻 R506 的电流和流过电阻 R505 的电流也全部流过电阻 R507，那么假设运算放大器 LM358（U501A）第 7 脚上的输出电压为 U，运用节点电流法，假设流入运算放大器 LM358（U501A）第 6 脚的电流等于 0，则有下面的式子：

$$(V_{out}-12V)/R506+(13.5V-12V)/R505+(U-12V)/R507=0$$
$$(V_{out}-12V)/100k\Omega+(13.5V-12V)/100k\Omega+(U-12V)/100k\Omega=0$$
$$U=22.5V-V_{out}$$

这样就通过电流检测放大器 LT6106（U101）将 M-BUS 总线上的电流转为电压，然后经过运算放大器 LM358 进行电压偏移，偏移的电压正好进入运算放大器 LM2903（U502）的线性放大区进行比较，识别出总线上的数据。

同时通过上面的式子可以看出总线负载越大，V_{out} 越大，输出电压 U 就越接近运算放大器 LM2903（U502）的电源电压的中间段，比较效果就越好。

5.2.3 利用虚短和虚断查找电路故障实战

运算放大器的虚短特性，是指在闭环状态下两输入端的电压差为 0；虚断特性则是指输入端流入的电流为 0，即输入端既不流出电流，也不流入电流。利用好这两个特性即可判断出运算放大器电路中的故障元器件。

（1）利用虚断查找故障元器件

如图 5-7 所示为康沃变频器上的一个运算放大器电路图，此变频器开机后面板显示接地故障。而接地故障检测的前级电路为反相加法器电路，根据虚断特性检查故障原因。

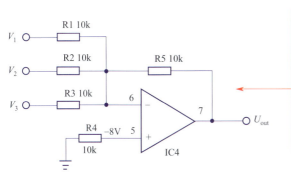

①根据运算放大器虚断特性，输入阻抗无穷大，输入电流为零，所以正常IC4芯片的第5脚电流为0，电压为0V。因此在电阻R4上的压降应该为0V。
②通电测量第5脚电压为−8V，电压不正常（正常应该为0V）。由此判断第5脚流出的电流在电阻R4上形成了压降。这与运算放大器虚断的特性不符，因此判断IC4损坏。

图 5-7　利用虚断判断故障

（2）利用虚短查找故障元器件

如图 5-8 所示为变频器电流检测电路中的差分放大器电路。当变频器出现过电流 OC 故障，检查电流检测电路中的差分放大器电路时，根据虚短特性判断故障原因。

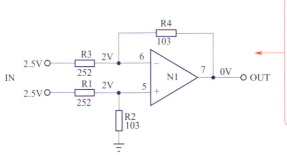

①接电检测N1芯片的第5、6、7脚电压，实测都为2V。由于第5、第6脚电压相等，所以虚短规则成立，因此判断运算放大器芯片N1正常。
②根据差分放大器特性，当差分输入信号为零（停机状态）时，输出端电压应该为0V。

图 5-8

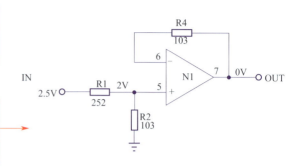

④由此可以判断，电阻R3出现了断路、虚焊或阻值严重变大的故障。经检测发现电阻R3一端虚焊，补焊后恢复正常。

③实测输出端电压（第7脚）为2V，和输入端电压相同，说明电路演变成了电压跟随器。这是演变后的电路原图。

图 5-8　利用虚短判断故障

5.3 常用运算放大器电路

常用的运算放大器有很多种，比如比较放大器、反相放大器、同相放大器、反相加法器、同相加法器、减法器、差分放大器、电流－电压转换器、电压－电流转换器等，接下来将讲解这些放大电路的特点和工作原理。

5.3.1　比较放大器

比较器，顾名思义，就是可以对两个或多个数据进行比较的装置。比较器的功能是比较两个电压的大小。比较器电路可以看作是运算放大器的一种应用电路，比较器对两个或多个数据项进行比较，以确定它们是否相等，或确定它们之间的大小关系。如图 5-9 所示，反馈电阻 R_f 连接到同相输入端，为正反馈，此电路称为比较器电路（注意，如果反馈电阻 R_f 连接到反相输入端，为负反馈，称为放大器电路）。

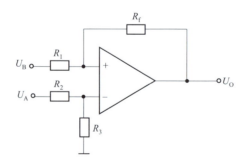

图 5-9　比较器电路

电路中，U_A 经电阻 R_2 和 R_3 串联分压后加在比较器的反相输入端；U_B 经电阻 R_1 加到比较器同相输入端。两路电压进行比较，如果同相电压高于反相电压，则输出高电平，U_O 接近电源电压；反之，输出低电平，U_O 接近 0V 或负电压（取决于是单电源还是双电源）。

5.3.2　反相放大器电路

如果输入电压是从运算放大器的反相输入端输入的，那么这样的电路称为反相放大器电路。反相放大器电路具有放大输入信号并反相输出的功能。"反相"的意思是正、负号颠倒。反相放大器应用了负反馈技术。所谓负反馈，就是将输出信号的一部分返回到输入端。如图 5-10 所示的电路中，把输出 U_O 经由 R_f 连接（返回）到反相输入端的连接方法就是负反馈。反相放大器的两个输入端电位始终近似为零（同相端接地，反相端虚地），只有差模信号，抗干扰能力强；但输入阻抗很小，等于信号到输入端的串联电阻的阻值。

> 由于放大器同相输入端接地，因此 $U_+=0$；假设放大器A为理想放大器（即处于线性状态），由于同相输入端和反相输入端虚短，所以 $U_-=U_+=0$；由于同、反相输入端虚断（即反相输入端电流为0），即 $I_1=I_f$。由此可得：$U_i/R_1=-U_O/R_f$，则电压放大倍数 $A=U_O/U_i=-R_f/R_1$。

> 当 $R_f>R_1$ 时，$-U_O>U_i$，此电路为反相放大器电路。
> 当 $R_f=R_1$ 时，$-U_O=U_i$，此电路为倒相器电路。对输入信号起到倒相输出作用，无电压放大倍数，如输入+2.5V信号，输出电压为-2.5V，起到信号倒相作用。
> 当 $R_f<R_1$ 时，$-U_O<U_i$，电路变为反相衰减器电路。若输入0~10V信号，输出0~-3.3V的反相信号，是一个比例衰减器。

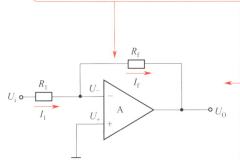

(a) 反相放大器电路

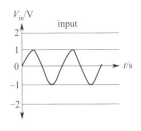

(b) 反相放大器输入端电压波形

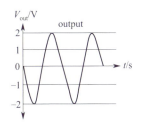

(c) 反相放大器输出端电压波形

图 5-10　反相放大器电路及输入端、输出端电压波形

分析反相放大器电路时，把放大器看成理想放大器，根据它的电压传输特性，可以利用虚短和虚断的方法判断。

5.3.3　同相放大器电路

如果运算放大器电路的输入信号是从同相输入端输入的，那么这样的放大电路称为同相放大器电路。在同相放大器电路中，输出电压按一定比例衰减以后，再反馈至反相输入端。如图 5-11 所示。

图 5-11 中，当 R_f 短接或 R_2 开路时，输出信号与输入信号的相位一致且大小相等，因而图 5-11 所示的电路可进一步"进化"为图 5-12 所示的电路。

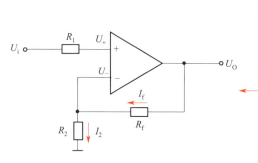

假设放大器为理想放大器（即处于线性状态），由于同相输入端和反相输入端虚短，所以 $U_- = U_+$；由于同、反相输入端虚断（即同、反相输入端电流为 0），所以 $U_i = U_+$，同时 $I_2 = I_f$，由此可得：$U_i / R_2 = U_o / (R_2 + R_f)$，则电压放大倍数 $A = U_o / U_i = R_f / R_2 + 1$，放大量大小取决于 R_f 与 R_2 的比值。当取 $R_2 = R$ 时，输出电压为输入电压的 2 倍；当取 $R_f < R_2$ 时，此同相放大器电路成为 1 倍以上，2 倍以下的放大电路。

图 5-11　同相放大器电路

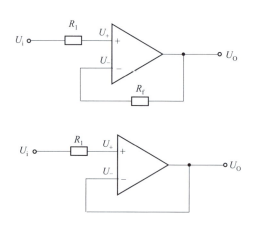

图 5-12　电压跟随器电路

图 5-12 中的电路为电压跟随器电路，输出电压完全跟踪于输入电路的幅度与相位，故电压放大倍数为 1，虽无电压放大能力，但有一定的电流输出能力。电路起到了阻抗变换作用，提升电路的带负载能力，将一个高阻抗信号源转换成为一

个低阻抗信号源。减弱信号输入回路高阻抗和输出回路低阻抗的相互影响，又起到对输入、输入回路的隔离和缓冲作用。只要求输出正极性信号时，可以采用单电源供电。

5.3.4 反相加法器

反相加法器电路又称为反相求和电路，是指一路以上输入信号进入反相输入端，输出结果为多路信号相加之和的绝对值。如图 5-13 所示为反相加法器电路。

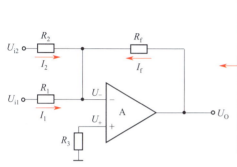

假设放大器A为理想放大器，由于放大器同、反相输入端虚断，输入阻抗无穷大，输入电流为零，所以电阻器R_3上无压降，即$U_+=0$；由于同、反相输入端虚短，同相输入端和反相输入端电压相等，所以$U_-=U_+=0$。再根据虚断特性，反相输入端电流为0，所以$I_1+I_2=-I_f$，由此可得，$U_{i1}/R_1+U_{i2}/R_2=-U_O/R_f$，即$-U_O=R_fU_{i1}/R_1+R_fU_{i2}/R_2$。当$R_1=R_2=R_f$时，$-U_O=U_{i1}+U_{i2}$，即输出电压的反相为两个输入电压的和。

图 5-13　反相加法器电路

5.3.5 同相加法器

同相加法器电路是指一路以上输入信号进入同相输入端，输出结果为多路信号相加之和。如图 5-14 所示为同相加法器电路。

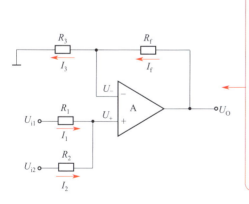

假设放大器为理想放大器（即处于线性状态），由于同相输入端和反相输入端虚短，则$U_-=U_+$；由于同、反相输入端虚断（即反相输入端电流为0），所以$I_3=I_f$，由此可得，$U_-/R_3=U_O/(R_3+R_f)$，即$U_-=U_OR_3/(R_3+R_f)$；同时，$I_1+I_2=0$，即$(U_{i1}-U_+)/R_1+(U_{i2}-U_+)/R_2=0$，所以$U_+=(U_{i1}R_2+U_{i2}R_1)/(R_1+R_2)$。由于$U_-=U_+$，因此，$(U_{i1}R_2+U_{i2}R_1)/(R_1+R_2)=U_OR_3/(R_3+R_f)$。当$R_1=R_2=R_3=R$时，$U_O=U_{i1}+U_{i2}$，即输出电压为两个输入电压的和。

图 5-14　同相加法器电路

5.3.6 减法器电路

减法器电路是指输出电压为输入电压之差。如图 5-15 所示为减法器电路。

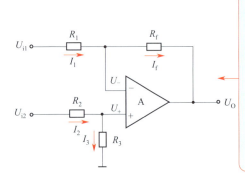

假设放大器为理想放大器（即处于线性状态），由于同相输入端和反相输入端虚短，则 $U_- = U_+$；由于同、反相输入端虚断（即反相输入端电流为0），所以 $I_1 = I_f$，由此可得，$(U_{i1} - U_-)/R_1 = (U_- - U_O)/R_f$，即 $U_- = (U_{i1}R_f + U_OR_1) / (R_1 + R_f)$。同时，$I_2 = I_3$，所以 $(U_{i2} - U_+)/R_2 = U_+/R_3$，即 $U_+ = U_{i2}R_3/(R_2 + R_3)$。

由于 $U_- = U_+$，所以，$(U_{i1}R_f + U_OR_1) / (R_1 + R_f) = U_{i2}R_3/(R_2 + R_3)$。即：$U_o = U_{i2}R_3(R_1 + R_f)/R_1(R_2 + R_3) - U_{i1}R_f/R_1$。当 $R_1 = R_2 = R_3 = R$ 时，$U_o = U_{i2} - U_{i1}$，即输出电压为两个输入电压的差。

图 5-15　减法器电路

5.3.7 差分放大电路

差分放大电路也称差动放大电路，它可以有效地放大交流信号，而且还能够有效地减小由于电源波动和晶体管随温度变化所引起的零点漂移。它被大量地应用于集成运放电路，常被用作多级放大器的前置级。差分放大电路的基本形式对电路的要求是：两个电路的参数完全对称，两个管子的温度特性也完全对称。差分放大器的电路优点是：放大差模信号，抑制共模信号，在抗干扰性能上很出色。

差分放大电路如图 5-16 所示。

从图中可以看到 A_1、A_2 两个同相运算放大器电路构成输入级，再与差分放大器 A_3 串联组成二运放差分放大电路。首先每个运算放大器都有负反馈电阻，所以虚短成立。因为虚短，运算放大器 A_1 的同相、反相输入端电压相等，运算放大器 A_2 的同相、反相输入端电压相等，所以，R_p 两端的电压差就是 U_{i1} 和 U_{i2} 的差值。因为虚断，A_1 的反相输入端没有电流进出，A_2 的反相输入端也没有电流进出，所以流过电阻器 R_5、R_p、R_6 的电流相同，都是 I_p。它们可以视为串联，串联电路每一个电阻上的分压与阻值成正比，所以：

$$(U_{i11} - U_{i21}) / (R_5 + R_p + R_6) = (U_{i1} - U_{i2}) / R_p$$

得：

$$U_{i11} - U_{i21} = (U_{i1} - U_{i2})(R_5 + R_p + R_6) / R_p$$

5.3.8 电流－电压转换电路

电流－电压转换电路是将输入的电流信号转换为电压信号，是电流控制的电压源，在工业控制与传感器应用场合使用比较多。在工业控制器中，有很多控制器接收来自各种检测仪表的 0 ~ 20mA 或 4 ~ 20mA 电流，电路将此电流信号转换成电压信号后再送至 ADC 转换成数字信号。如图 5-17 所示为电流 – 电压转换电路。

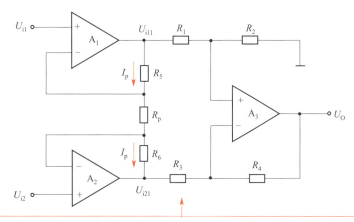

对于A_3运算放大器，由于同相输入端和反相输入端虚短，则 $U_-=U_+$；由于同、反相输入端虚断，通过R_1的电流和通过R_2的电流相等，所以 $(U_{i11}-U_+)/R_1=U_+/R_2$，即：$U_+=U_{i11}R_2/(R_1+R_2)$。

同时，通过R_3的电流和通过R_4的电流相等，所以 $(U_{i21}-U_-)/R_3=(U_--U_O)/R_4$，即：$U_-=(U_{i21}R_4+U_OR_3)/(R_3+R_4)$。

由于$U_-=U_+$，所以，$U_{i11}R_2/(R_1+R_2)=(U_{i21}R_4+U_OR_3)/(R_3+R_4)$。

当$R_1=R_2=R_3=R_4$时，$U_O=U_{i11}-U_{i21}$。由于，$U_{i11}-U_{i21}=(U_{i1}-U_{i2})(R_5+R_p+R_6)/R_p$，所以，$U_O=(U_{i1}-U_{i2})(R_5+R_p+R_6)/R_p$。

由上可知，此电路是一个差分放大电路，它可将两个输入电压的差值放大指定的增益。

图 5-16　差分放大电路

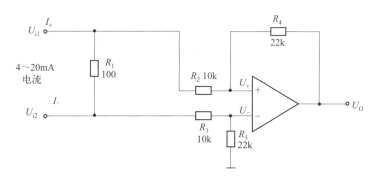

图 5-17　电流 – 电压转换电路

　　图中 4 ~ 20mA 电流流过 100Ω 采样电阻器 R_1，在 R_1 上会产生 0.4 ~ 2V 的电压差。

由虚断知，运算放大器同、反相输入端没有电流流过，则流过电阻器 R_3 和 R_5 的电流相等，流过电阻器 R_2 和 R_4 的电流相等。故：

① $(U_{i2}-U_-)/R_3=U_-/R_5$

② $(U_{i1}-U_+)/R_2=(U_+-U_o)/R_4$

由虚短知：

③ $U_-=U_+$

电流从 4 ~ 20mA 变化，则：

④ $U_{i1}=U_{i2}+(0.4 ~ 2)V$

将③式、④式代入②式得：

⑤ $[U_{i2}+(0.4 ~ 2)V-U_+]/R_2=(U_+-U_o)/R_4$

如果 $R_3=R_2$，$R_4=R_5$，则，由⑤式、①式得：

⑥ $U_o=-(0.4 ~ 2)V×R_4/R_2$

由于 $R_4/R_2=22k\Omega/10k\Omega=2.2$，则⑥式可化简为：

$U_o=-(0.88 ~ 4.4)V$

也就是说，当输入 4 ~ 20mA 电流时，电阻 R_1 上产生 0.4 ~ 2V 的电压，U_o 输出一个反相的 −0.88 ~ −4.4V 电压，此电压可以送至 ADC 去处理。注意，若将图中电流反接即得：$U_o=+(0.88 ~ 4.4)V$。

5.3.9 电压－电流转换电路

电压－电流转换电路是将输入的电压信号转换成满足一定关系的电流信号，转换后的电流相当于一个输出可调的恒流源，其输出电流应能够保持稳定而不会随负载的变化而变化。一般来说，电压－电流转换电路是通过负反馈的形式来实现的，可以是电流串联负反馈，也可以是电流并联负反馈，主要用在工业控制和许多传感器应用中。如图 5-18 所示。

图中运算放大器 A 的负反馈没有通过电阻直接反馈，而是串联了三极管 VT_1 的发射结。由于有负反馈电路，因此虚短、虚断的规律仍然可以用。

由虚断知，运算放大器同、反相输入端没有电流流过，则：

① $(U_i-U_+)/R_2=(U_+-U_2)/R_6$

同理：

② $(U_1-U_-)/R_5=U_-/R_4$

由虚短知：

③ $U_+=U_-$

如果 $R_2=R_6$，$R_4=R_5$，则由①式、②式、③式得：

$U_1-U_2=U_i$

上式说明电阻器 R_7 两端的电压与输入电压 U_i 相等，则通过电阻器 R_7 的电流为：

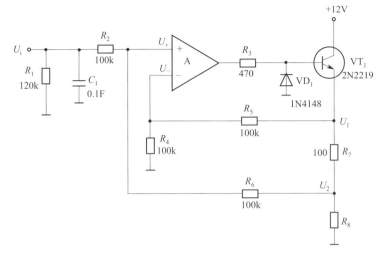

图 5-18　电压 - 电流转换电路

$I=U_i/R_7$

如果负载电阻器 $R_8\ll 100\mathrm{k}\Omega$，则通过电阻器 R_8 和通过电阻器 R_7 的电流基本相同。也就是说，当负载 R_8 取值在某个范围内时，其电流是不随负载变化的，而是受 U_i 所控制。

5.4　看图学运算放大器电路常见故障维修实战

理想运算放大器具有虚短和虚断的特性，这两个特性对分析判断运算放大器电路故障十分有用。下面详细讲解运算放大器电路易坏元器件和运算放大器电路故障的维修方法。

5.4.1　运算放大器电路中易坏芯片元件

运算放大器电路出现故障后通常会导致输出电压不正常。运算放大器电路易坏元器件主要包括运算放大器芯片、电阻器等，如图 5-19 所示。

5.4.2　快速诊断运算放大器电路故障

为了保证线性运用，运算放大器必须在闭环（负反馈）下工作。如果没有负反馈，开环放大下的运算放大器就变成了一个比较器。如果要判断电路是否有故障，首先应分清楚运算放大器在电路中是作放大器用还是作比较器用。

运算放大器电路的维修方法如下。

① 运算放大电路中的电阻虚焊、老化或损坏，导致输出电压不正常。

② 运算放大器芯片接触不良或损坏，导致输出电压不正常。

图 5-19　运算放大器电路易坏元器件

　　① 首先断开电源，检查运算放大器电路是否有明显损坏的元器件，如图 5-20 所示。

检查运算放大器电路中的运算放大器芯片、电阻是否明显损坏，如元器件烧坏、元器件引脚虚焊或断路等。

图 5-20　检查运算放大器电路有无明显损坏的元器件

　　② 检查外观故障后，接下来给电路通电检查运算放大器工作电压是否正常，如图 5-21 所示。

将万用表调到直流电压20V挡，红表笔接运算放大器的V_{CC}引脚，黑表笔接电路板地，测量运算放大器工作电压是否正常。

图 5-21　检查运算放大器工作电压

③ 接下来判断电路是放大器电路还是比较器电路。不论是何种类型的放大器，都有一个反馈电阻R_f，我们在维修时可从电路上检查这个反馈电阻。如图5-22所示。

先将万用表调到电阻20MΩ挡，然后在断开电源的情况下，红黑两支表笔分别接运算放大器芯片的输出端引脚和反相输入端引脚，测量其阻值。如果阻值有几兆欧以上，则此电路是比较器电路；如果此电路是比较器电路，则允许同相输入端和反相输入端电压不相等，同相电压大于反相电压，且输出电压接近正的最大值。

图 5-22　判断电路是放大器电路还是比较器电路

④ 如果运算放大器芯片输出端和反相输入端之间的阻值在 0Ω 至几十千欧，则再检查一下有无电阻接在输出端和反相输入端之间，若有，则此电路是放大电路。对于放大器电路，根据放大器虚短的原理，其同相输入端和反相输入端电压必然相等，即使有差别也是毫伏级的，考虑到万用表的内阻，电压差最多不会超过 0.2V，如果有 0.5V 以上的差别，则运算放大器电路肯定有问题（电阻损坏或运算放大器损坏）。如图 5-23 所示。

将万用表调到直流电压20V挡，红表笔接反相输入端引脚，黑表笔接地，测量反相输入端电压。

接着红表笔接同相输入端引脚，黑表笔接地，测量同相输入端电压。然后将两次测量的电压值作比较来判断放大器电路是否正常。

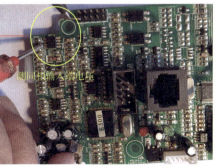

图 5-23　测量反相输入端和同相输入端电压

⑤ 通过测量输出端电压是否变化来判断运算放大器芯片是否损坏，如图 5-24 所示。

测量输出端已有正电压（或负电压）输出，当短接两个输入端，正常的话输出电压应马上降（或升）为0V左右。若输出电压值为一固定值，不随输入端的短接而变化，说明运算放大器芯片损坏。

图 5-24　判断运算放大器芯片是否损坏

⑥ 当运算放大器电路输出不正常，而在排除运算放大器芯片损坏的情况下，故障可能是运算放大器芯片周围的电阻损坏，重点检查周边元器件的问题。如图 5-25 所示。

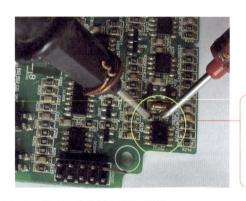

先用数字万用表的蜂鸣挡，测量运算放大器周围的电阻器是否有短路、断路的问题，如果没有再根据电阻器的标称阻值，选用合适的电阻挡，测量电阻器是否有阻值升高或下降的问题。

图 5-25　检查运算放大器周围元器件

5.4.3　运算放大器芯片好坏测量实战案例

根据运算放大器的特点，如果同相输入端电压大于反相输入端电压，则输出端电压为高电位，如果同相输入端电压小于反相输入端电压，则输出端电压为低电位。因此可以通过测量运算放大器引脚的电压来判断运算放大器的好坏。

通过检测运算放大器引脚电压判断好坏的方法如下（以 LM358 芯片为例讲解）。

第 1 步：给电路板接上直流电源，测量运算放大器供电电压是否正常，如图 5-26 所示。

测量值为12.17V，供电电压正常。如果供电电压不正常，则检测供电电路中的元器件是否损坏。

将数字万用表调到直流电压20V挡，红表笔接运算放大器芯片第8脚（供电引脚），黑表笔接第4脚（接地脚）。

图 5-26　测量运算放大器供电电压

第 2 步：测量反相输入端和同相输入端电压是否正常，如图 5-27 所示。

测量的反相输入端电压为0.065V。

将数字万用表调到直流电压2V挡，红表笔接运算放大器芯片第2脚（反相输入端），黑表笔接第4脚（接地脚）。

测量的同相输入端电压为0.013V。

将红表笔接运算放大器芯片第3脚（同相输入端），黑表笔接第4脚（接地脚）。

图 5-27　测量反相输入端和同相输入端电压

第 3 步：测量输出端电压，并判断运算放大器是否正常，如图 5-28 所示。

第 4 步：测量运算放大器芯片内部另一个放大器的同相输入端电压和反相输入端电压，如图 5-29 所示。

第 5 步：测量输出端电压，并判断运算放大器是否正常，如图 5-30 所示。

测量的输出端电压为0.004V。由于第3脚（同相输入端）电压小于第2脚（反相输入端）电压，输出端输出低电平，因此测量的运算放大器正常。

将红表笔接运算放大器芯片第1脚（输出端），黑表笔接第4脚（接地脚）。

图 5-28　测量输出端电压并判断运算放大器好坏

测量的同相输入端电压为0.257V 。

将红表笔接运算放大器芯片第5脚（同相输入端），黑表笔接第4脚（接地脚）。

测量的反相输入端电压为0.01V 。

将红表笔接运算放大器芯片第6脚（反相输入端），黑表笔接第4脚（接地脚）。

图 5-29　测量另一个放大器的同相输入端和反相输入端电压

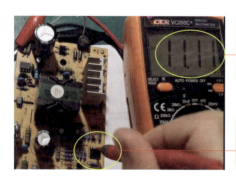

测量的输出端电压为11.11V。由于第5脚（同相输入端）电压大于第6脚（反相输入端）电压，输出端输出高电平，因此测量的放大器正常。

将数字万用表调到直流电压20V挡，红表笔接运算放大器芯片第7脚（输出端），黑表笔接第4脚（接地脚）。

图 5-30　判断运算放大器好坏

第 6 章

工业电路板主电路
故障维修实战

工业电路板主电路主要用于调节交流电的频率，即将 50Hz 交流电转变为直流电，再转变为所需频率的交流电。工业电路板主电路由于工作在高温、高电压、大电流的环境中，因此故障率较高，所以接下来本章将重点讲解主电路的结构原理及故障维修方法。

主电路运行原理

工业电路板中的主电路主要用于调节交流电的频率，即将交流电转变为直流电再转变为一定频率的交流电。

由于主电路工作在高电压、大电流、高温的环境中，因此故障率较高，接下来本节将对工业电路板中主电路的组成结构和工作原理进行分析。

6.1.1 图解主电路的组成

主电路是把 220V/380V 交流电整流为直流电，然后再通过 IPM 模块或 IGBT 模块将直流电逆变为一定频率的交流电输出，因此主电路主要由整流、储能（滤波）、逆变 3 个环节构成，具体来说就是由整流电路、中间电路、逆变电路三大电路组成，如图 6-1 所示。

1）整流电路

整流电路的作用是将交流电整流为直流电。在工业电路板中，有些设备采用三相桥式整流电路，有些设备采用单相桥式整流电路，有些设备的整流电路直接集成在 IGBT 模块中，有些设备采用由整流二极管组成的桥式整流电路，有些设备采用集成整流二极管的整流桥堆（包括单相整流桥堆和三相整流桥堆），如图 6-2 所示。

2）中间电路

中间电路一般包括限流电路、滤波电路、制动电路等。

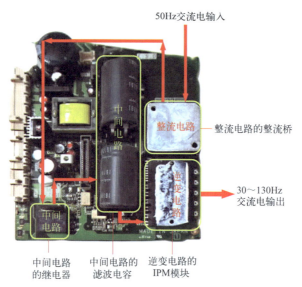

50Hz交流电输入

整流电路

整流电路的整流桥

中间电路

中间电路

逆变电路

30～130Hz
交流电输出

中间电路
的继电器

中间电路的
滤波电容

逆变电路的
IPM模块

图6-1　工业电路板中主电路

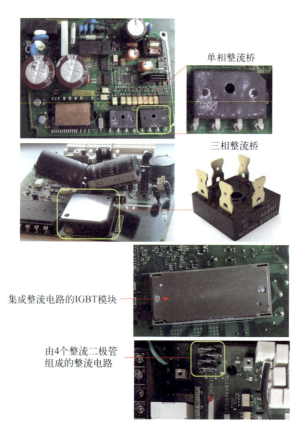

单相整流桥

三相整流桥

集成整流电路的IGBT模块

由4个整流二极管
组成的整流电路

图6-2　工业电路板中的整流电路

（1）限流电路

限流电路的作用是抑制在电路启动瞬间产生的充电电流（即输入浪涌电流），以达到保护整流电路中的整流二极管或整流桥堆的作用。限流电路主要由充电电阻和继电器组成，如图6-3所示。

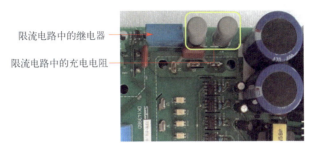

限流电路中的继电器

限流电路中的充电电阻

图6-3　限流电路中的元器件

（2）滤波电路

滤波电路主要用来过滤整流电路整流后得到的直流电中的杂波，由于受到电解电容器的电容量和耐压能力的限制，滤波电路通常由多个电容器串并联成一组电容器组。如果想增加总耐压值，就将多个滤波电容器串联连接，串联后的总耐压值为每个滤波电容耐压值之和；如果想增加总容量，就将多个滤波电容并联连接，并联后的总容量为所有并联滤波电容器的容量之和。

另外，为了使每个滤波电容的分压一致，需要给每个滤波电容分别并联一个均压电阻，如图6-4所示。

滤波电路中的滤波电容

滤波电路中的均压电阻

图6-4　滤波电路中的元器件

3）逆变电路

逆变电路的作用是在控制电路的控制下，将经过整流电路和中间电路处理后的直流电转换成频率和电压都可以任意调节的交流电。逆变电路的输出就是变频器或伺服驱动器等工业控制设备的输出，所以逆变电路是变频器或伺服驱动器的核心电路之一，起着非常重要的作用。

目前多数工业控制设备的逆变电路通常由 IGBT 模块或 IPM 模块组成，如图6-5 所示。

集成逆变电路的IPM模块

集成逆变电路的IGBT模块

图 6-5　IGBT 模块和 IPM 模块

6.1.2　主电路运行原理

工业电路板主电路的功能是把频率为 50Hz 的交流电转变为不同频率的交流电，为电动机提供驱动控制电压。工业电路板主电路中的各个电路功能各不相同，接下来将详细讲解工业电路板主电路的工作原理。

1）整流电路的工作原理

整流电路在伺服驱动器中的作用主要是将 220V/380V 交流电转变为直流电，为逆变电路（IPM 模块或 IGBT 模块）提供供电电压。

整流电路主要由多只整流二极管或整流桥堆组成：如果由 4 只整流二极管组成，则组成单相桥式整流电路；如果由 6 只整流二极管组成，则组成三相桥式整流电路。

（1）单相桥式整流电路

单相桥式整流电路的结构图如图 6-6 所示。

单相整流电路的工作原理如下：单相桥式整流电路每个整流二极管上流过的电流是负载电流的一半，当在交流电源的正半周时，整流二极管 VD2 和 VD4 导通，

VD1 和 VD3 截止，输出正的半波整流电压；当在交流电源的负半周时，整流二极管 VD1 和 VD3 导通，VD2 和 VD4 截止，由于 VD1 和 VD3 两只管是反接的，所以输出还是正的半波整流电压。

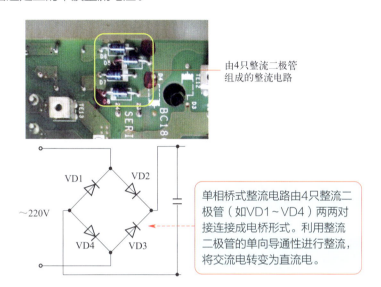

由4只整流二极管组成的整流电路

单相桥式整流电路由4只整流二极管（如VD1~VD4）两两对接连接成电桥形式。利用整流二极管的单向导通性进行整流，将交流电转变为直流电。

图 6-6　单相整流电路的组成结构

当 220V 交流电进入桥式整流电路后，220V 交流电进行全波整流，之后再经过电容器滤波，转变为 310V 左右的直流电压输出，即输出电压为 220V 电压的 1.414 倍（$\sqrt{2}$ 倍）。

（2）三相桥式整流电路

三相桥式整流电路的结构图如图 6-7 所示。

三相桥式整流电路由6只整流二极管（如图中的VD1~VD6）两两对接连接成电桥形式。利用整流二极管的单向导通性进行整流，将交流电转变为直流电。

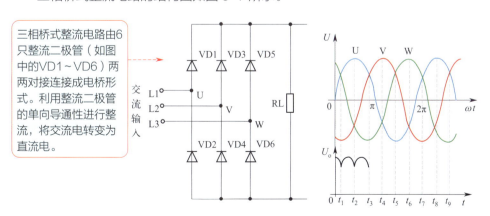

图 6-7　三相桥式整流电路的组成结构

三相整流电路的工作原理如下：从图中可知，VD1、VD3、VD5 三个管件是共阴极接线，而 VD2、VD4、VD6 三个管件是共阳极接线。

共阴极接线的三个二极管中，同一时刻，哪一相的电位最高，哪个二极管就优先导通。比如在 $t_1 \sim t_2$ 期间，U 点电位最高，则 VD1 二极管导通；对共阳极接线，哪一相的电位最低，哪个二极管就优先导通。比如在 $t_1 \sim t_2$ 期间，V 点电位最低，则 VD4 二极管导通。在 $t_1 \sim t_2$ 期间，电流从 L1 进入，流过二极管 VD1、负载 RL、二极管 VD4 后，从 L2 流出，形成回路，输出正的半波整流电压。

在一个大的周期中，可以分成 6 个小时间段，每一段都由一对相线对负载进行供电。在一个大的周期中，每个二极管有三分之一的时间导通（导通角为 120°）。

三相桥式整流电路主要负责将经过滤波后的 380V 交流电进行全波整流，转变为直流电，然后再经过滤波，将电压变为 380V 电压的 1.414 倍（$\sqrt{2}$ 倍），即 537V 直流电压。

在工业电路板中，为了减少元器件间的相互干扰，通常在整流电路中采用整流桥堆。工业电路板中使用的整流桥堆主要有单相整流桥堆和三相整流桥堆，它们分别应用在单相整流电路和三相整流电路中。

（3）单相整流桥堆

如图 6-8 所示为单相整流桥堆引脚和内部结构图。

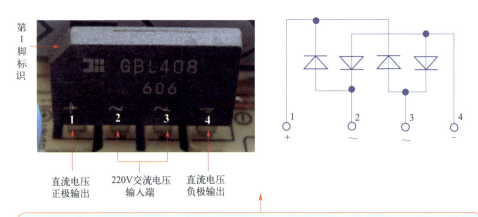

> 图中的单相整流桥堆内部集成了4只整流二极管，单相整流桥堆有4个引脚，其中中间2个引脚为交流电压输入端，两边2个引脚为直流电压输出端。

图 6-8　单相整流桥堆引脚和内部结构图

单相整流桥堆故障检测方法：在进行单相整流桥堆的故障检测时，测量直流输出电压，应测量两边的正极引脚和负极引脚。还可以用万用表二极管挡，黑表笔接第1脚，红表笔分别接第2、3、4脚，测量内部整流二极管的管电压，正常有0.5～1V左右的管电压，管电压为0或无穷大说明内部整流二极管有损坏。

（4）三相整流桥堆

如图6-9所示为三相整流桥堆引脚和内部结构图。

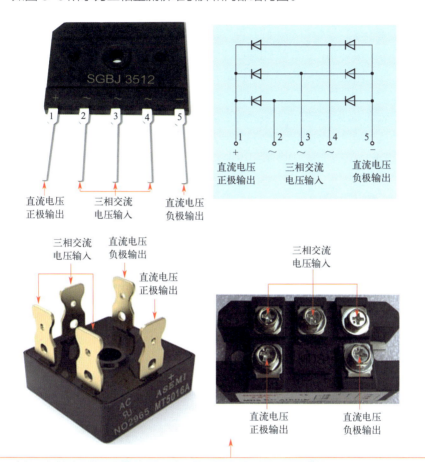

图中的三相整流桥堆内部集成了6只整流二极管，这6只整流二极管两两对接，每2只整流二极管为一对。三相整流桥堆有5个引脚，其中3个引脚为交流电压输入端，2个引脚为直流电压输出端。

图6-9　三相整流桥堆和内部结构图

三相整流桥堆故障检测方法：在进行故障检测时，测量直流输出电压，应测量正极引脚和负极引脚。另外，还可以用万用表二极管挡，黑表笔接第1脚，红表笔分别接第2、3、4脚，测量内部3个整流二极管的管电压，红表笔接第5脚，黑表笔分别接第2、3、4脚，测量内部另外3个整流二极管的管电压，正常有0.5V

左右的管电压，管电压为 0 或无穷大说明内部整流二极管有损坏。

2）中间电路中的限流电路工作原理

中间电路中的限流电路的作用是抑制开机上电瞬间的浪涌电流。在工业电路板开机上电的瞬间，由于滤波电容电压不能突变，因此会产生一个很大的充电电流，这个电流就是我们常说的输入浪涌电流，它是在对滤波电容进行初始充电时产生的。

这个浪涌电流的峰值可能达到几百安培，虽然持续时间很短，但如果不加以抑制，会减短滤波电容和整流桥堆的寿命或造成元器件损坏，还可能造成输入电源电压的降低，让使用同一输入电源的其他动力设备瞬间掉电，对邻近设备的正常工作产生干扰。

那么怎么抑制浪涌电流呢？浪涌电流的抑制方法有很多，一般中小功率电源设备中采用电阻限流的办法抑制开机浪涌电流，即在整流电路和滤波电容之间增加一个大阻值的电阻（在变频器中多采用这种方法），如图 6-10 所示。

限流电阻

图 6-10　电路中的限流电阻

而在有些工业电路板中则采用 NTC 热敏电阻和继电器组成的限流电路，如在伺服驱动器中多采用这样的形式，如图 6-11 所示。

NTC热敏电阻

继电器

图 6-11　限流电路中的 NTC 热敏电阻和继电器

采用 NTC 热敏电阻作为限流电阻，是由于 NTC 热敏电阻非常节能，其在上电瞬间迅速发热、温度升高，其电阻值会在毫秒级的时间内从大阻值迅速下降到一个很小的级别，一般只有零点几欧到几欧的大小，这样在限流电阻上的功耗就非常小，非常节能。

且在断电后，随着自身温度的降低，NTC 热敏电阻的电阻值会逐渐恢复到标称电阻值，恢复时间需要几十秒到几分钟不等。不过由于 NTC 热敏电阻有恢复时间，在应用于频繁开关的设备时，会有影响，因此通常将 NTC 热敏电阻与继电器搭配使用。

在 NTC 热敏电阻将浪涌电流抑制到一个合适的水平之后，继电器动作将 NTC 热敏电阻从工作电路中切去。这样，NTC 热敏电阻仅在设备启动时工作，而当正常工作时不再接入电路，从而既延长了 NTC 热敏电阻的使用寿命，又保证其有充分的冷却时间，能适用于需要频繁开关的情况。

如图 6-12 所示为工业电路板中的限流电路的电路原理图和实物图。

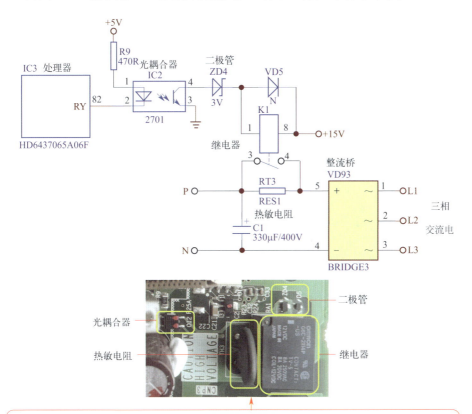

图中，限流电路主要由 NTC 热敏电阻、继电器、光耦合器、处理器（CPU）等元器件组成。

图 6-12　工业电路板中限流电路的电路原理图和实物图

限流电路的工作原理如下：

① 当工控设备上电瞬间，电流流过 NTC 热敏电阻 RT3，热敏电阻 RT3 会将浪涌电流控制在 30A 左右（抑制前会有 310A 左右），在开关电路工作正常之后，工控设备的控制电路正常启动工作，处理器 IC3 会从第 82 脚发出低电平控制信号到限流电路中的光耦合器 IC2 的第 2 脚。

② 接着 +5V 电压经过光耦合器 IC2 的第 1 脚流过内部发光二极管使其发光，然后光耦合器 IC2 内部的光敏三极管导通，+15V 电压流过继电器 K1 线圈（第 1、8 脚）加到稳压二极管 ZD4，使稳压二极管 ZD4 击穿，然后从光耦合器 IC2 的第 4 脚流过其内部的光敏三极管后从第 3 脚流出接地。

③ 继电器 K1 线圈得电后吸合，其内部的常开触点 34 导通（第 3 脚和第 4 脚），这时整流之后的直流电流绕过热敏电阻 RT3 直接从继电器 K1 的常开触点 34 流过，相当于将 NTC 热敏电阻 RT3 从工作电路中切去。

3）中间电路中的直流滤波电路工作原理

直流滤波电路的作用是过滤整流后的直流电压中无用的交流电，使直流电压波形变得纯净、平滑。由于整流电路中的整流二极管存在结电容效应，所以整流后的直流电中会有一部分交流脉动电，这部分多余的交流电会导致电路中的电压出现波动，给逆变电路及开关电源电路带来工作不稳定的问题。

在工业电路板的主电路中经常会看到很多体积很大的电解电容，通常这些电容就是直流滤波电路中的电容器，如图 6-13 所示。

在直流滤波电路中，我们经常看到很多滤波电容采用并联或串联或混合连接的方式。这是由于电解电容器的耐压只能做到 500V，而三相 380V 的电压经全波整流后，直流电压的峰值为 537V，平均值也有 513V。因此，为了增加电容的耐压值，需要将两个滤波电容器串联起来。

图 6-13　直流滤波电路中的滤波电容

滤波电容器串联后，总的耐压值为所串联的每个滤波电容器耐压值之和。如图 6-14 所示为直流滤波电路中滤波电容器串联。

不过电容器串联之后的总容量会减少，总容量减少意味着电路的存储能力减弱，为了增加滤波电路电容的总容量值，需要将多个滤波电容并联。当电容并联时，总电容量为所有并联滤波电容器的电容量之和，不过并联后总耐压值为所有并联电容器中耐压值最低的那个值。如图 6-15 所示为直流滤波电路中滤波电容器并联。

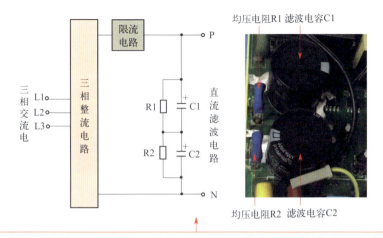

6.1

图中，直流滤波电路中的两个电容C1和C2串联连接，每个滤波电容并联一个均压电阻。两个电容器C1和C2的容量不会完全一样，这会导致两个电容两端的电压不一致，而并联两个均压电阻R1和R2后可以使电容器C1和C2上的电压变成一样的。

图6-14　两个滤波电容器串联

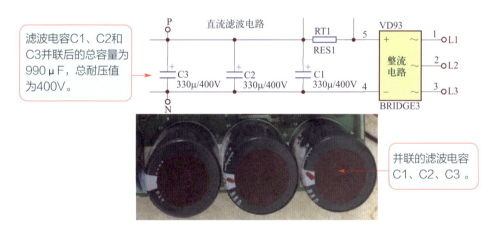

图6-15　直流滤波电路中滤波电容器并联

　　另外，一些大功率工控设备的直流滤波电路会采用多个电容器并联之后再串联的方式来提高耐压值和容量值，如图6-16所示为直流滤波电路中6个滤波电容器并联后再串联的连接形式。

　　如果6个电容器的容量都为330μF，耐压值都为400V，那么并联后再串联的总容量为495μF，总耐压值为800V。电阻器R1和R2的作用是使两组电容器上的电压分配相等，解决电压不均衡的问题。

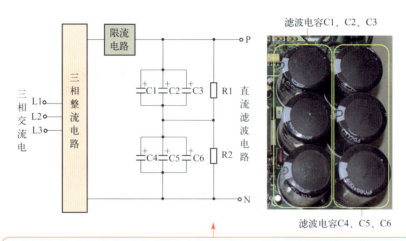

滤波电容C1、C2、C3

滤波电容C4、C5、C6

图中，直流滤波电路中3个滤波电容器C1、C2和C3并联相连，3个滤波电容器C4、C5和C6并联相连，然后再将两组电容器串联起来。

图6-16　6个滤波电容器并联后再串联

4）逆变电路的工作原理

逆变电路同整流电路相反，逆变电路是将直流电变换为所需频率的交流电，根据驱动电路发送的驱动控制信号控制相应的 IGBT 变频管导通和关断，从而可以在输出端 U、V、W 三相上得到相位相差 120° 的三相交流电压。如图 6-17 所示为逆变电路原理图。

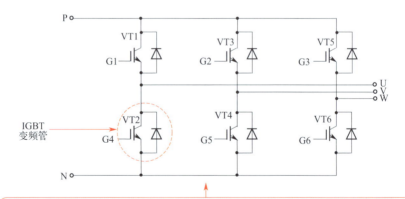

图中的逆变电路主要由VT1～VT6 六只大功率晶体管（也叫变频管），及晶体管周边的二极管等元器件组成，每个晶体管及周边二极管等元件组成的电路叫IGBT。

图6-17　逆变电路原理图

逆变电路由整流电路和滤波电路输出的直流电作为供电电源，每个 IGBT 变频管都由专门的驱动电路来驱动。而驱动电路又由处理器（CPU）发出的 PWM 控制信号控制。

逆变电路工作原理如下：

① 逆变电路工作时，由处理器（CPU）送来的六路 PWM 控制信号，控制驱动电路输出驱动信号（G1 ~ G6），驱动六只 IGBT 变频管（VT1 ~ VT6）轮流导通和截止，将高压直流电转变为一定频率的交流电（U、V、W）输出。

② 工作时，VT1 与 VT4 为第一相工作，VT3 与 VT6 为第二相工作，VT5 与 VT2 为第三相工作，三相交替工作，将直流电转变为交流电。比如当 IGBT 变频管 VT1 和 VT4 同时导通时（其他变频管截止），P 电压（310V 或 537V）通过 IGBT 管 VT1 后从 U 端子进入电动机的线圈，然后从 V 端子出来，再经过 IGBT 变频管 VT4 后形成回路，这样电动机的线圈中就会有电流流过产生磁场以驱动电动机的转子旋转。这样不断地导通不同的 IGBT 变频管，就可以驱动电动机的转子一直旋转。

③ 当需要改变电动机的转速时，可以通过调节处理器输出的 PWM 控制信号的占空比来改变电动机的转速。对于直流电动机则通过调节处理器输出的 PWM 控制信号来调节加到直流电动机两端的直流电压，当 PWM 脉冲占空比达到最大时，加到电动机两端的电压最大，电机转速最高，反之亦然。

目前很多工控设备主电路中的逆变电路通常都使用集成六只 IGBT 变频管等的 IGBT 模块，或集成六只 IGBT 变频管、驱动电路和保护电路等的 IPM 模块，如图 6-18 所示。

IPM模块，其内部集成IGBT变频管、驱动电路、保护电路等元器件

IGBT模块，其内部集成IGBT变频管或整流二极管等主要元器件

IGBT模块内部结构，包括晶体管和二极管等元器件

图 6-18　IGBT 模块和 IPM 模块

5）图解 IGBT 模块

IGBT 模块主要是指集成六只 IGBT 变频管组成逆变电路的模块，不过有的

IGBT 模块为了减少电路间的干扰，降低故障发生率，除了集成 IGBT 变频管外，还集成了整流电路、制动电路、热敏电阻等。如图 6-19 所示为 IGBT 模块引脚图及内部结构图（以 FP25R12KE3 为例讲解）。

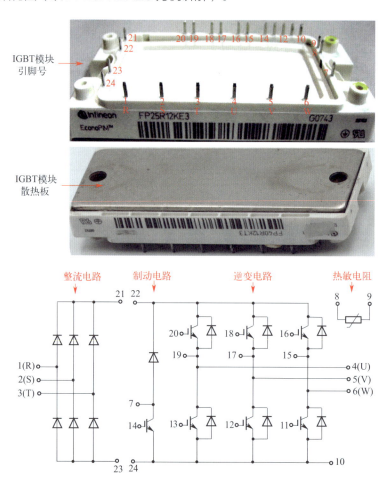

图 6-19　IGBT 模块引脚图及内部结构图

6）图解 IPM 模块

IPM 是智能功率模块的缩写，IPM 模块集成了逆变电路中的 IGBT 变频管、驱动电路、保护电路、制动单元等元件。IPM 模块通常具有过压保护、过热保护、短路保护等功能，以及故障诊断和报告功能，可以有效地提高系统的可靠性。

如图 6-20 所示为 IPM 模块的引脚图及内部结构图（以 PS21867 模块为例讲解）。IPM 模块各个引脚的功能如表 6-1 所示（以 PS21867 模块为例）。

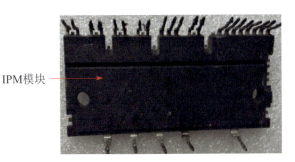

IPM模块

LVIC为下桥驱动电路，除了负责驱动下桥IGBT4、IGBT5、IGBT6外，还包含了保护电路、反馈电路、温度检测电路、电流检测电路等电路的功能，并且在错误状态下可以中断IGBT。

图中，IPM模块主要是由HVIC、LVIC和IGBT组成，从结构图可以看出HVIC和LVIC分别控制上桥IGBT（IGBT1~IGBT3）和下桥IGBT（IGBT4~IGBT6）。

HVIC为上桥驱动电路，它负责向IGBT输入PWM控制信号，驱动上桥IGBT，IPM模块中有三个HVIC，分别来驱动三个IGBT。每个HVIC还包含了保护电路、反馈电路、温度检测电路、电流检测电路等电路的功能，并且在错误状态下可以中断IGBT。

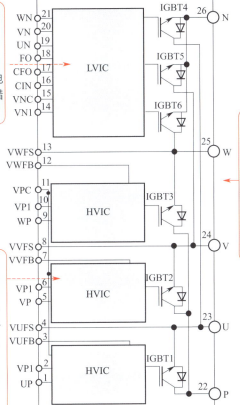

图 6-20　IPM 模块的引脚图及内部结构图

表 6-1　IPM 模块引脚功能

序号	引脚名称	功能
1	UP	U 相上桥控制信号
2	VP1	IPM 内部集成的上桥驱动芯片电源供电端
3	VUFB	U 相上桥驱动电源端
4	VUFS	U 相上桥驱动接地端，此引脚和 U 引脚是相通的

序号	引脚名称	功能
5	VP	V 相上桥控制信号
6	VP1	IPM 内部集成的上桥驱动芯片电源供电端
7	VVFB	V 相上桥驱动电源端
8	VVFS	V 相上桥驱动接地端，此引脚和 V 引脚是相通的
9	WP	W 相上桥控制信号
10	VP1	IPM 内部集成的上桥驱动芯片电源供电端
11	VPC	接地端
12	VWFB	W 相上桥驱动电源端
13	VWFS	W 相上桥驱动接地端，此引脚和 W 引脚是相通的
14	VN1	IPM 内部集成的下桥驱动芯片电源供电端
15	VNC	接地端
16	CIN	电流检测端，它外接一个 100Ω 的电阻然后接到 N 引脚
17	CFO	故障解除延时引脚，它连接一个电容，电容的容量决定延时时间
18	FO	故障输出端，常态为高电平，有故障时输出低电平，如过流、欠压故障，VN1 电压小于 12V 为欠压，CIN 电压大于 0.5V 为过压
19	UN	U 相下桥控制信号
20	VN	V 相下桥控制信号
21	WN	W 相下桥控制信号
22	P	母线电压正端
23	U	U 相电压输出端
24	V	V 相电压输出端
25	W	W 相电压输出端
26	N	母线电压接地端

6.2 主电路故障检修流程图

当工控设备的主电路有故障时可以参考主电路故障检修流程对工控设备进行检测，检测时重点检测每个电路模块的关键测试点，通过测试点快速准确地找出故障的部件，并修复主电路故障。

主电路故障主要是由整流电路故障、滤波电路故障、限流电路故障、逆变电路故障等引起的。通常会出现输出电压为 0 或不正常，三相不平衡、缺相（三相电压缺一相或都为 0），欠电压报警，滤波后直流电压降低，通电烧坏熔断器等故障现象。具体主电路故障检修流程图如图 6-21 所示。

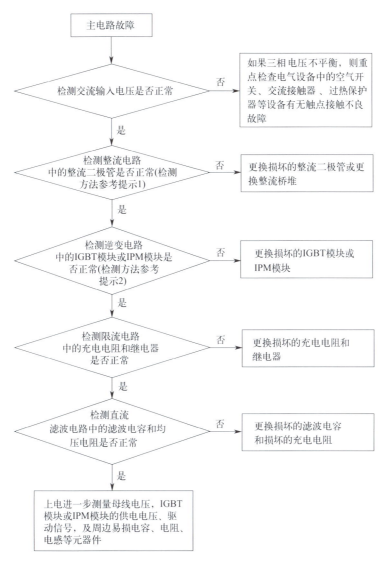

图 6-21　主电路故障检修流程图

（1）提示 1：整流电路中整流二极管检测方法

　　先将数字万用表调到二极管挡，黑表笔接直流母线的正极，即 P 端子（或 + 端子），红表笔分别接 R、S、T 三个端子，测量三次，测量的值都为 0.53V，说明整流电路中上面的三个整流二极管均正常。

　　接着将红表笔接直流母线的负极，即 N 端子（或 − 端子），黑表笔分别接 R、S、T 三个端子，测量三次，测量的值都为 0.53V，说明整流电路中下面的三个整流二极管也都正常。

（2）提示2：逆变电路检测方法

先将数字万用表调到二极管挡，红表笔接直流母线的负极，即 N 端子（或－端子），黑表笔分别接 U、V、W 三个端子，测量三次，测量的值都为 0.46V，说明逆变电路中下桥臂的三个变频元器件都正常。

将黑表笔接直流母线的正极，即 P 端子（或＋端子），红表笔分别接 U、V、W 三个端子，测量三次，测量的值都为无穷大（正常应为 0.46V），说明逆变电路上桥臂变频元器件可能有问题。

6.3 主电路故障检测点

在检测工业电路板主电路的故障时，你可能会发现几个故障率较高的部件，如整流二极管、整流桥堆、充电电阻、滤波电容、IGBT 模块、IPM 模块等。在检测主电路故障时，经常需要测量一些易坏元器件的好坏，以排除好的元器件，找到故障元器件。下面总结一下一些易坏元器件的检测方法。

6.3.1 图解主电路易坏芯片元件

工业电路板主电路易坏元器件主要有：整流二极管、整流桥堆、充电电阻、继电器、NTC 热敏电阻、滤波电容、IGBT 模块、IPM 模块。如图 6-22 所示。

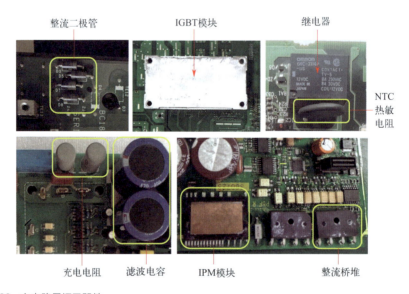

图 6-22 主电路易坏元器件

6.3.2 图解主电路故障检测点

工业电路板主电路的故障检测点主要包括以下几个。

（1）故障检测点 1：整流二极管

在主电路的整流电路中，主要使用整流二极管来完成桥式整流，整流二极管出现问题，会导致整流电路出现问题。当怀疑整流二极管有问题时，可以通过测量整流二极管的管电压或电阻值来判断好坏。如图 6-23 所示。

调到二极管挡后，显示屏上会出现一个二极管的符号。

③若测量的值为0.6V左右，说明整流二极管正常，否则说明二极管损坏。

注意：有的万用表二极管挡和蜂鸣挡在一个挡位，需要用SEL/REL按键切换。

①将万用表调到二极管挡。

②将红表笔接二极管的正极，黑表笔接二极管的负极测量压降。有灰白色环的一端为负极。

图 6-23　检测整流二极管

（2）故障检测点 2：整流桥堆

有些工业电路板的整流电路中采用的是整流桥堆进行整流，整流桥堆内部集成了 4 个或 6 个整流二极管，可以通过测量整流桥堆引脚电压值或测量整流桥堆内部整流二极管压降来判断好坏。如图 6-24 所示（以单相整流桥堆为例）。

（3）故障检测点 3：充电电阻

工业电路板主电路的限流电路中的充电电阻，由于工作在高电压、大电流、高温的环境中，比较容易出现阻值变小或变大、接触不良、烧断等损坏。当怀疑充电电阻有问题时，可以通过测量充电电阻的阻值来判断好坏。如图 6-25 所示。

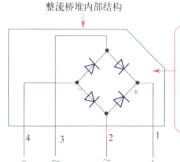

整流桥堆内部结构

先将数字万用表调到二极管挡，将红表笔接整流桥堆的第4引脚，黑表笔分别接第2和第3引脚，测量两个压降值；再将黑表笔接第1引脚，红表笔分别接第2和第3引脚，再次测量两个压降值。如果4次测量的压降值都在0.5V左右，说明整流桥堆正常，有一组值不正常，则整流桥堆损坏。

图6-24　整流桥堆好坏检测

将万用表调到欧姆挡，在电源电路板背面用两支表笔接充电电阻的两只引脚，测量值为5.4MΩ，正常应该为几十欧，说明充电电阻已损坏。

限流电路中的充电电阻

图6-25　充电电阻好坏检测

（4）故障检测点4：滤波电容

工业电路板主电路的直流滤波电路中的滤波电容，是比较容易损坏的元器件之一，通常会出现鼓包、漏液、短路、容量下降等损坏。当怀疑滤波电容有问题时，可以通过测量滤波电容的阻值来判断好坏。如图 6-26 所示。

（5）故障检测点5：IPM 模块 /IGBT 模块

检测 IPM 模块 /IGBT 模块时，一般通过测量模块内部二极管是否损坏来简单判断 IPM 模块 /IGBT 模块是否有问题。测量时，通过测量 U、V、W 引脚与 P 引脚、N 引脚间管电压，来判断模块是否损坏。检测方法如图6-27所示（以IPM模块为例，IGBT 模块方法相同）。

①用数字万用表的蜂鸣挡（或指针万用表欧姆挡的R×1k挡）在路测量。
②对电容器进行放电（在两只引脚之间串接一个阻值大的电阻器），然后将万用表的两支表笔接滤波电容器的两只引脚进行测量。
③如果测量的阻值为0，说明滤波电容被击穿损坏。
④如果阻值不断变化，最后变成无穷大，说明滤波电容基本正常。如果想准确测量电容器好坏，可以拆下电容器测量其电容量来判断好坏。

滤波电容

图6-26 滤波电容好坏检测

①在断电的情况下，首先将万用表调到二极管挡，将黑表笔接IPM模块P引脚，红表笔分别接U、V、W引脚，正常值应为0.45V左右，且各相大致相同。如果测量的值为无穷大，则IPM模块内部上桥臂三个IGBT有断路故障；如果测量的阻值为0，则IPM模块内部上桥臂三个IGBT有击穿短路或漏电故障。接下来对调红黑表笔，即红表笔接伺服器的P引脚，黑表笔分别接U、V、W引脚，反向测量，正常值应为无穷大。

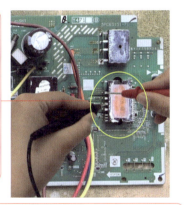

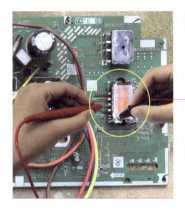

②将红表笔接N引脚，黑表笔分别接U、V、W引脚，测量逆变电路中下桥臂中元器件，正常值应为0.45V左右，且各相大致相同。如果测量的值为无穷大，则IPM模块内部下桥臂三个IGBT有断路故障；如果测量的阻值为0，则IPM模块内部下桥臂三个IGBT有击穿短路或漏电故障。接下来对调红黑两支表笔，即黑表笔接N引脚，红表笔分别接U、V、W引脚，反向测量，正常值应为无穷大。

图6-27 检测 IPM 模块/IGBT 模块

6.4 快速诊断主电路常见故障

工业电路板中主电路工作在高电压、大电流的环境下，特别容易损坏。而主电路一旦出现故障，就会影响工控设备的正常工作。下面本节将重点讲解工业电路板主电路故障现象、原因分析及故障维修方法。

6.4.1 主电路常见故障总结

（1）主电路常见故障现象

主电路常见故障现象如下：
① 三相输入电压不平衡。
② 三相输入电压缺相（三相电压缺一相或都为0）。
③ 欠电压报警。
④ 无法开机，指示灯不亮。
⑤ 无法开机，指示灯亮。
⑥ 无法启动，一按电源按钮就跳闸。
⑦ 无法启动，显示错误报警。

（2）造成主电路故障的原因分析

造成主电路故障的原因如下：
① 整流电路中的整流二极管损坏。
② 整流电路中的整流桥堆损坏。
③ 限流电路中的充电电阻损坏。
④ 限流电路中的充电继电器损坏。
⑤ 限流电路中的光耦合器损坏。
⑥ 直流滤波电路中的滤波电容损坏。
⑦ 直流滤波电路中的均压电阻损坏。
⑧ 逆变电路中的IGBT模块供电不正常。
⑨ 逆变电路中的IPM模块供电不正常。
⑩ 逆变电路中的IGBT模块损坏。
⑪ 逆变电路中的IPM模块损坏。

6.4.2 主电路常见故障诊断维修

（1）快速诊断整流电路故障

主电路中的整流电路出现故障，一般会表现为：伺服驱动器输入电路出现了三相不平衡、缺相（三相电压缺一相或都为0），欠电压报警跳闸，工控设备不能正常工作，等。

在检测整流电路时，可以通过检测整流电路中的整流二极管或整流桥堆是否正常来判断。

整流电路故障维修方法如下：

第1步：如果整流电路采用的是整流二极管，则用万用表二极管挡测量整流二极管的管电压，来判断整流电路的好坏，如图6-28所示。

测量值为0.521V（正常应为0.5V左右）。如果测量的管电压很小或为0，则整流二极管被击穿损坏。

首先将数字万用表挡位调到二极管挡，然后红表笔接整流二极管的正极，黑表笔接负极，测量整流二极管的管电压。

图6-28 测量整流二极管好坏

第2步：如果整流电路采用的是单相整流桥堆（有4只引脚），则用万用表测量整流桥堆内部整流二极管的管电压是否正常，如图6-29所示。

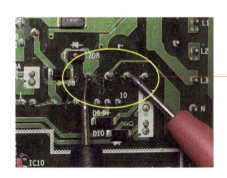

先将数字万用表调到二极管挡，将红表笔接整流桥堆的第4引脚（负极），黑表笔分别接第2引脚和第3引脚，测量两个压降值；再将黑表笔接第1引脚（正极），红表笔分别接第2引脚和第3引脚，再次测量两个压降值。如果4次测量的压降值都在0.5V左右，说明整流桥堆正常，有一组值不正常，则整流桥堆损坏。

图6-29 测量单相整流桥堆好坏

第3步：如果整流电路采用的是三相整流桥堆（有6只引脚），同样用万用表测量整流桥堆内部整流二极管的管电压是否正常，如图6-30所示。

（2）快速诊断限流电路故障

一般限流电路最常见的故障就是充电电阻开路损坏。一方面，限流电阻要在短时间内承受大电流的冲击，使用时间长了容易被烧断。另一方面，当充电继电器触点接触不良或控制电路不良时，充电电阻要承受启动的大电流，会因为过热而损坏。

测量时先将数字万用表调到二极管挡，将红表笔接整流桥堆的第5脚（负极），黑表笔分别接第2脚、第3脚和第4脚，测量三个压降值；再将黑表笔接第1脚（正极），红表笔分别接第2脚、第3脚和第4脚，再次测量三个压降值。如果6次测量的压降值都在0.5V左右，说明整流桥堆正常，有一组值不正常，则整流桥堆损坏。

图6-30 检测三相整流桥堆好坏

正常的工控设备在开机上电时，会听见充电继电器吸合的声音，例如听到"啪哒"或"哐"的一声。如果没有声音，则需要检查充电继电器触点是否故障及控制电路是否故障。注意：有些故障工控设备，虽然上电时能听到充电继电器的吸合声，但由于触点烧灼、氧化、油污等造成接触不良，也会造成烧坏限流电阻的情况。

限流电路故障维修方法如下：

第1步：测量限流电路中的充电电阻是否断路（阻值为无穷大）或短路（阻值为0），如果没有短路或断路故障，接着测量充电电阻实际的阻值，然后与标称阻值进行对比来判断好坏，如图6-31所示。

如果工控设备采用的充电电阻是NTC热敏电阻（阻值一般为几欧），则测量时，先将数字万用表挡位调到欧姆200挡，然后两支表笔接热敏电阻的两只引脚测量阻值。如果测量的阻值为无穷大，说明热敏电阻烧断损坏，如果电阻为0，说明热敏电阻短路损坏。

图6-31 测量充电电阻阻值

第2步：测量继电器的引脚，判断线圈和常开触点是否损坏，如图6-32所示。

第3步：如果充电电阻和充电继电器均正常，接着测量限流电路中的光耦合器是否正常，如图6-33所示。

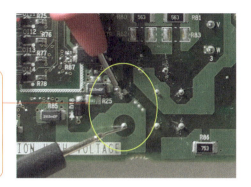

测量时，将数字万用表调到欧姆4k挡，红黑表笔接继电器输入端（线圈）两个引脚测量。阻值正常为几百欧，如果阻值为无穷大，说明线圈断路损坏，如果阻值为0，说明线圈短路损坏。常开触点在路测量时，阻值应为限流电阻的阻值。

图 6-32　测量继电器引脚阻值

将数字万用表调到二极管挡，红表笔接光耦合器的第1脚，黑表笔接第2脚测量。正常光耦合器内部发光二极管会有1V左右的管电压。如果管电压为无穷大或0，说明光耦合器损坏。

图 6-33　测量光耦合器管电压

（3）快速诊断直流滤波电路故障

滤波电路中的滤波电容一般容易出现漏液、漏电、击穿、鼓顶或封皮破裂、容量变小等故障现象。滤波电容的这些故障可使滤波后直流电压降低，严重时使主电路的保护电路动作，或通电烧坏熔断器，或使电气设备中的空气开关断开。

另外，滤波后的直流电压降低后，会使逆变电路与二次开关电源电路的工作电压达不到标准值而不能正常工作。

直流滤波电路故障维修方法如下：首先切断工控设备的电源，然后再对待测滤波电容进行放电（可以在储能电容两只引脚间连接一只大容量电阻，或直接短接电容器两只引脚进行放电）。如图 6-34 所示。

（4）快速诊断逆变电路故障

工控设备的逆变电路通常处在高电压、大电流、高温的工作环境中，而且一端连接变频电路中的滤波电路，一端连接负载电动机，同时还接收驱动电路的方波驱动信号，因此很容易出现故障，当滤波电路或驱动电路等出现故障后，也会牵连逆变电路，导致其损坏。逆变电路常见的故障分析如图 6-35 所示。

滤波电容

滤波电容放完电后，将数字万用表调到蜂鸣挡或将指针万用表调到R×1k挡，然后将万用表的两支表笔接滤波电容的两只引脚进行测量。如果阻值不断变化，最后变成无穷大，说明滤波电容基本正常；如果测量的阻值为0，说明滤波电容被击穿损坏。

图 6-34　检测滤波电容好坏

①IGBT模块/IPM模块短路烧坏，隔离电路的元件有问题，如电容漏液、击穿或光耦老化，也会导致 IGBT模块/IPM 模块烧坏或输出电压不平衡。

②IGBT模块/IPM模块击穿损坏。IGBT模块/IPM模块在关断的瞬间产生的尖峰电压过高，如果超过IGBT模块/IPM 模块的最高峰值电压，将造成IGBT模块/IPM模块击穿损坏。

③IGBT模块/IPM模块过热损坏。对于过热故障，采用加大散热器或者更换好的散热片，涂敷导热胶，强迫风扇冷却，设置过温保护，或把负载运行速度降低等方法来处理。

图 6-35　逆变电路常见的故障分析

　　逆变电路的检测方法如下。

　　第 1 步：检修逆变电路时，一般在通电检查前先判断 IGBT 模块内部元器件是否有损坏。通过测量变频器的 U、V、W 端子与 P（+）、N（－）端子间管电压，来判断 IGBT 模块中元器件是否损坏。测量方法如图 6-36 所示

　　另外，还可以用测量阻值的方法来判断 IGBT 模块好坏。

　　测量时先将万用表的挡位调到欧姆 R×10 挡（指针万用表）或欧姆挡的 200 挡（数字万用表），然后将红表笔接变频器 IGBT 模块的 P 引脚，黑表笔分别接 IGBT 模块的 U、V、W 引脚，测量上桥臂中元器件的阻值，正常的 IGBT 模块会有几十欧的阻值，且各相阻值基本相同。如果测量的阻值为无穷大，则 IGBT 模块中元器件有断路故障；如果测量的阻值为 0，则 IGBT 模块中的元器件有短路故障。

　　接下来将万用表的黑表笔接 IGBT 模块的 N 引脚，红表笔分别接 IGBT 模块的 U、V、W 引脚，测量下桥臂中元器件的阻值，正常的 IGBT 模块会有几十欧的阻值，且各相阻值基本相同。如果测量的阻值为无穷大，则 IGBT 模块中的元器件

有断路故障；如果测量的阻值为 0，则 IGBT 模块中的元器件有短路故障。

①测量时先将万用表的挡位调到二极管挡，然后将红表笔接变频器的N（－）端子，黑表笔分别接变频器的U、V、W端子测量逆变电路下桥臂中元器件，正常值应为0.46V左右，且各相基本相同。
②接下来将万用表的黑表笔接P（＋）端子，红表笔分别接U、V、W端子测量逆变电路上桥臂中元器件，正常值应为0.46V左右，且各相基本相同。
③如果测量的值为无穷大，则IGBT模块中元器件有断路故障；如果测量的阻值为0，则IGBT模块中的元器件有短路故障。

图6-36　测量 IGBT 模块中上桥臂和下桥臂的元器件好坏

　　最后测量 U、V、W 三个端子间的阻值，将万用表的两支表笔分别接在 U 和 V、U 和 W、V 和 W 端子上，分别测量三个端子中任意两个间的阻值，正常应该为无穷大。如果阻值很小或为 0，则说明 IGBT 模块内部击穿损坏。

　　第 2 步：在 IGBT 模块内部元件没有损坏，且检测整流滤波电路和驱动电路均正常的情况下，才可以通电检测 IGBT 模块。一般三相变频器的供电电压为 450 ~ 530V 直流电压，单相变频器的供电电压为 300V 直流电压。测量方法如图 6-37 所示。

①测量时，将万用表的挡位调到直流电压750V挡，然后带电测量接线端子中的P（＋）端子和N（－）端子间的电压（这两个端子就是逆变电路中P、N两只引脚）。
②如果测量的供电电压正常，则故障是由逆变电路引起的；如果供电电压不正常，则故障是由整流电路或中间电路问题引起的。

图6-37　测量逆变电路供电电压

　　第 3 步：检测驱动电路输出的控制变频管的方波信号是否正常。测量时，一般采用示波器测量波形的状态。如果方波脉冲的波形正常，就证明 CPU 电路以及脉冲驱动电路都处于正常工作状态。如果方波脉冲有异常现象，说明驱动电路、CPU 电路以及供电电路有故障。如果没有示波器，那么可以采用万用表的 20V 直流电压挡测量变频管的脉冲电压六相是否都正常，一般六相都是相同的脉冲，大小为

3 ～ 5V。如图 6-38 所示。

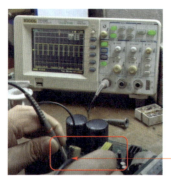

将示波器的表笔接IGBT模块驱动信号输入引脚，测量驱动电路的输出波形。如果测量的波形为矩形波形，则说明驱动芯片工作正常；如果没有矩形波形，则驱动芯片可能损坏，更换即可。

图 6-38　测量驱动芯片的输出信号

第 4 步：如果逆变电路的供电电压和控制方波信号均正常，接着通过测量 IGBT 模块的 U、V、W 输出电压来判断 IGBT 中是否有变频管损坏。测量方法如图 6-39 所示。

①测量时，将变频器输出频率调到3Hz 左右，然后将万用表的挡位调到直流电压750V挡，然后分别测量P-U、P-V、P-W及U-N、V-N、W-N 之间的直流电压。
②如果上述几次测量出的电压值为直流母线电压的一半，说明IGBT模块中的变频管均正常；如果测量的电压偏高，则所测量的这一路变频管损坏。

图 6-39　测量 IGBT 模块输出电压

（5）快速诊断 IGBT 模块 /IPM 模块电路故障

检修 IGBT 模块 /IPM 模块电路时，一般在通电检查前先判断 IPM 模块内部元器件是否有损坏。通过测量伺服驱动器的 U、V、W 端子与 P（＋）、N（－）端子间管电压，来判断 IPM 模块中元器件是否损坏。IGBT 模块和 IPM 模块的检测方法类似，下面以 IPM 模块的检测方法为例讲解。

第 1 步：首先检查工控设备的电源电路板上有无锁轴继电器，如果有，那么继电器会将 U、V、W 三个输出端连接起来，这样工控设备的主轴就会被锁死无法转动，此时就无法准确测量工控设备的 U、V、W 端子与 P（＋）、N（－）端子间管电压。因此测量前要将锁轴继电器拆下，如图 6-40 所示。

第 2 步：在断电的情况下，测量 IPM 模块内部下桥臂的三个 IGBT 是否正常，如图 6-41 所示。

①在电路板上找到锁轴继电器。锁轴继电器是指伺服器在异常情况发生时或者工控设备断电停止工作时，能够让伺服电动机瞬间停止转动的继电器，起到保护的作用（提示：当把伺服电动机的U、V、W三根电源线短接后，伺服电动机的主轴会锁死不动）。

②在电路板背面，用电烙铁和吸锡器拆下锁轴继电器。

图6-40　拆下锁轴继电器

①测量时先将万用表的挡位调至二极管挡，然后将红表笔接伺服器的N（－）端子，黑表笔分别接伺服器的U、V、W端子，测量IPM模块内部下桥臂中三个IGBT，正常值应为0.45V左右，且各相大致相同。
②如果测量的值为无穷大，则IPM模块内部下桥臂三个IGBT有断路故障；如果测量的阻值为0，则IPM模块内部下桥臂三个IGBT有击穿短路或漏电故障。

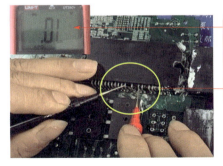

③对调红黑两支表笔，即黑表笔接伺服器的N（－）端子，红表笔分别接伺服器的U、V、W端子，反向测量，正常值应为无穷大。
④如果测量的值为0或很小，则IPM模块内部下桥三个IGBT有短路故障。

图6-41　测量IPM模块中下桥臂的IGBT

第3步：测量IPM模块内部上桥臂三个IGBT是否正常，如图6-42所示。

①测量时先将万用表的挡位调至二极管挡，然后将万用表的黑表笔接P（+）端子，红表笔分别接U、V、W端子，测量IPM模块内部上桥臂中三个IGBT，正常值应为0.45V左右，且各相大致相同。
②如果测量的值为无穷大，则IPM模块内部上桥臂三个IGBT有断路故障；如果测量的阻值为0，则IPM模块内部上桥臂三个IGBT有击穿短路或漏电故障。

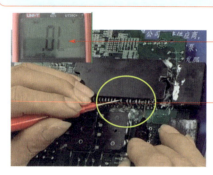

③对调红黑两支表笔，即红表笔接伺服器的P（+）端子，黑表笔分别接伺服器的U、V、W端子，反向测量，正常值应为无穷大。
④如果测量的值为0或很小，则IPM模块内部下桥臂三个IGBT有短路故障。

图6-42　测量 IPM 模块中上桥臂的 IGBT

第 4 步：在 IPM 模块没有击穿或漏电损坏，且检测整流滤波电路和隔离电路均正常的情况下，才可以通电检测 IPM 模块。一般三相输入电的供电电压为 450 ~ 537V 直流电压，单相输入电的供电电压为 310V 左右直流电压。测量方法如图 6-43 所示。

①测量时，将万用表的挡位调到直流电压750V挡，然后带电测量接线端子中的P（+）端子和N（-）端子间的电压（这两个端子就是逆变电路中P、N两只引脚）。
②如果测量的供电电压正常，则故障是由逆变电路引起的；如果供电电压不正常，则故障是由整流电路或中间电路问题引起的。

图6-43　测量逆变电路供电电压

提示　　　如果想触发 IPM 模块需要先给其供电，因为其内部的驱动电路获得供电之后，其触发脉冲才有效，所以在测量 IPM 模块时，需要先为 IPM 模块的上桥臂 IGBT 和下桥臂 IGBT 加上供电电压。测量时，可以在开关电源电路找到开关变压器 15V 电压输出端连接的滤波电容，然后给此滤波电容供 15V 电压即可（一般 IPM 模块的供电电压为 15V）。

6.5 技能实战

6.5.1 主电路跑线实战

根据主电路的原理图（参考图 6-44），实际测量电路板的主电路中各元器件的走线。

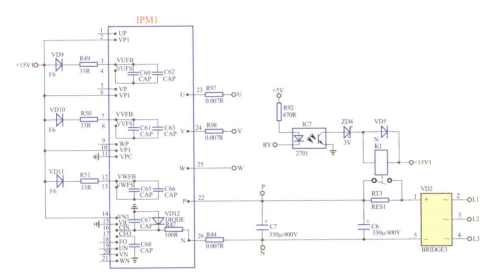

图 6-44 主电路的原理图

具体跑线测量步骤如下。

第 1 步：将数字万用表调到蜂鸣挡，测量电源输入插座 L1 引脚、L2 引脚、L3 引脚到三相整流桥堆的第 2、3、4 引脚（交流电输入引脚）线路，如图 6-45 所示。

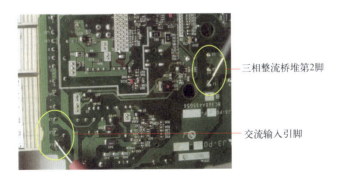

三相整流桥堆第2脚

交流输入引脚

图 6-45 测量交流输入端到三相整流桥堆的线路

第2步：测量三相整流桥堆第1脚（正极）到限流电路中的热敏电阻引脚和继电器的辅助引脚的线路。如图6-46所示。

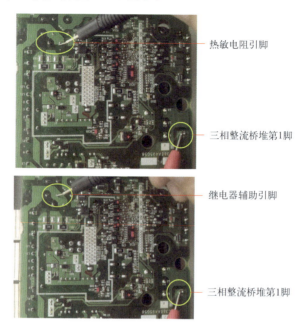

图6-46　测量三相整流桥堆正极到限流电路的线路

第3步：测量热敏电阻引脚到直流滤波电路中滤波电容正极引脚的线路和三相整流桥堆的第5脚（负极）到滤波电容负极引脚的线路。如图6-47所示。

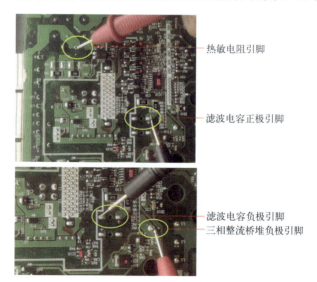

图6-47　测量热敏电阻和三相整流桥堆到滤波电路的线路

第 4 步：测量滤波电容正极引脚到 IPM 模块第 22 脚（P 引脚）的线路和滤波电容负极引脚到 IPM 模块第 26 脚（N 引脚）的线路。如图 6-48 所示。

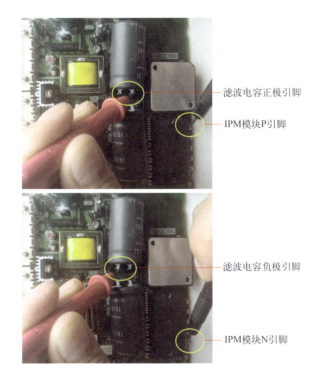

滤波电容正极引脚

IPM模块P引脚

滤波电容负极引脚

IPM模块N引脚

图 6-48　测量滤波电容到逆变电路的线路

6.5.2　主电路故障维修实战案例

客户送来一台故障变频器，描述此变频器故障为通电后没反应。变频器通电没反应的故障一般是由电源电路故障引起的，因此接下来重点检查变频器的电源电路。

此变频器故障检测维修方法如下。

第 1 步：拆开变频器的外壳，准备在断电的情况下检测主电路是否有损坏的情况。

第 2 步：将数字万用表调到二极管挡，测量直流母线的负极与电源输入端口间的管电压是否正常。如图 6-49 所示。

第 3 步：测量直流母线的负极与电源输出端口间的管电压是否正常。如图 6-50 所示。

第 4 步：拆下变频器的电路板准备做进一步的检测。如图 6-51 所示。

第 5 步：拆下电源电路板后，检查 IGBT 模块，发现模块周围的电路板被烧黑，如图 6-52 所示。

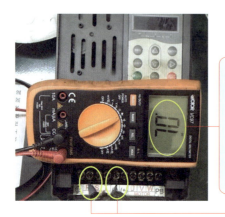

将红表笔接直流母线的负极，即N端子（或−端子），黑表笔分别接R、S、T三个端子，测量三次，测量的值都为无穷大，说明整流电路中下面的三个整流二极管均损坏。接着再将黑表笔接直流母线的正极，即P端子（或+端子），红表笔分别接R、S、T三个端子，测量三次，测量的值也都是无穷大，说明整流电路中上面的三个整流二极管也都损坏了。

图 6-49　检测整流电路好坏

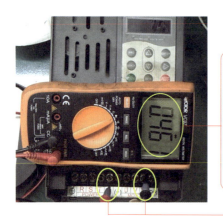

将红表笔接直流母线的负极，即N端子（或−端子），黑表笔分别接U、V、W三个端子，测量三次，测量的值都为0.46V，说明逆变电路中下桥臂的三个变频元器件都正常。然后将黑表笔接直流母线的正极，即P端子（或+端子），红表笔分别接U、V、W三个端子，测量三次，测量的值也都是0.46V，说明逆变电路上桥臂三个变频元器件都正常。

图 6-50　检测管电压

拆下变频器的电路板

图 6-51　拆下电路板

检查发现IGBT模块周围发黑。由于此模块中集成了整流电路，而之前测量整流电路中的整流二极管的管电压都是无穷大，说明模块内部整流二极管已经烧坏断路，此模块已经损坏。

IGBT模块

图 6-52　检查 IGBT 模块

第 6 步：用电烙铁拆下 IGBT 模块，看到模块底部已被烧黑。如图 6-53 所示。

IGBT模块底部烧黑

图 6-53　拆卸 IGBT 模块

第 7 步：在更换新的 IGBT 模块之前，需要先测量驱动电路等电路中的元器件是否有损坏。如图 6-54 所示。

第 8 步：对于不正常的驱动电路，要重点检查驱动芯片及驱动电路中的电阻等元器件，找到损坏的元器件，并更换掉。之后再用示波器测量各路驱动信号的波形是否正常，如果不正常，还要继续找出问题元器件。如图 6-55 所示。

第 9 步：在驱动电路的驱动电压和波形均正常的情况下，才考虑更换 IGBT 模块。首先准备好 IGBT 模块，并在其背面涂抹散热硅脂。如图 6-56 所示。

第 10 步：将 IGBT 模块安装到电路板上，并固定好，准备焊接 IGBT 模块引脚。注意，要先固定好才能焊接，这样可以防止先焊接后无法安装的问题。如图 6-57

所示。

如果不排除其他损坏的元器件，直接更换IGBT模块，上电后极有可能再次烧坏IGBT模块。因此在未装IGBT模块的情况下，给电源电路板通电，然后从IGBT的引脚测量各驱动电路G、E间的电压是否正常，正常应该有负几伏的电压（如−7.5V），且各驱动电路电压都一致。如果有电压不正常的，则可能是此路驱动电路有问题。

图 6-54　检测驱动电路的元器件

检查驱动芯片

图 6-55　检查驱动芯片

准备新的IGBT模块，并涂抹硅脂

图 6-56　在 IGBT 模块涂抹硅脂

————— 将IGBT模块安装到电路板上

图 6-57　固定 IGBT 模块

第 11 步：安装固定好 IGBT 模块后，接着开始焊接 IGBT 模块引脚。注意，焊点要均匀饱满，且不能虚焊。如图 6-58 所示。

————— 焊接IGBT模块引脚

图 6-58　焊接 IGBT 模块

第 12 步：焊接完成后，将变频器的主板装好，然后通电测试。变频器可以正常开机，然后连接上电动机进行测试，电动机运行正常，故障排除。如图 6-59 所示。

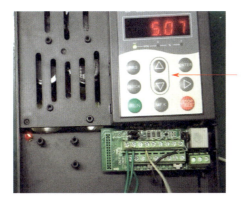

————— 安装好变频器并通电测试

图 6-59　通电测试变频器

第7章

工业电路板制动控制电路故障维修实战

工业电路板制动控制电路主要用于将再生回馈电能转换为热能消耗掉，制动控制电路出现故障后，通常会引起制动电路中的滤波电容和 IGBT 模块或 IPM 模块等元器件损坏。本章将重点讲解制动控制电路的结构原理及故障维修方法。

 制动电路运行原理

工业电路板中的制动电路主要用于将多余的再生电能转换为热能消耗掉。由于惯性，当负载电动机的转速大于工控设备的输出转速时，电动机由"电动"状态进入"发电"状态，使电动机暂时变成了发电机，向供电电源回馈电能。此再生电能由工控设备的逆变电路所并联的二极管整流后进入工控设备的直流回路，使直流回路的电压上升到六七百伏，甚至更高。这种急剧上升的电压，有可能对工控设备电路中的电容器和逆变模块造成较大的电压和电流冲击，甚至使其损坏。因而在工控设备中加入了制动电路，以便将再生回馈电能转换为热能消耗掉。

7.1.1 制动电路的组成

制动电路包括制动控制电路和制动电路故障检测电路，具体主要由制动 IGBT 变频管、光耦合器、稳压管、电阻器、电容器、处理器等组成。如图 7-1 所示。

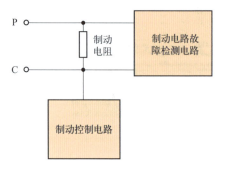

光耦合器 电阻/电容

IGBT
变频管

图 7-1　制动电路的组成

7.1.2　制动电路运行原理

　　当电动机减速与停止运行时，电动机的惯性使电动机线圈产生再生电流，这一再生电流会由工控设备的 IGBT 模块中变频管所并联的二极管整流，反馈进入工控设备的直流回路，使直流回路的电压升高（比如三相伺服驱动器中直流电压可能由 537V 左右上升到 600V、700V，甚至更高）。这种急剧上升的电压，有可能对工控设备制动电路的储能电容和 IGBT 模块造成较大的电压和电流冲击甚至导致其损坏。而制动电路则会将这一再生电流通过制动电阻消耗掉，以保护滤波电路。

　　在小功率工控设备中，制动单元（包括制动 IGBT、二极管等）往往集成于 IPM 模块或 IGBT 模块内，然后从直流回路引出 P、C 等端子，由用户根据负载运行情况选配制动电阻。但较大功率的工控设备则一般由用户根据负载运行情况选配制动单元和制动电阻，接在 P、C 等端子。

　　如图 7-2 所示为工控设备的制动电路原理图。

　　制动电路工作原理如下：

　　① 当母线电压检测电路检测到母线电压升高并反馈给处理器（IC509）时，处理器会通过第 16 脚输出低电平的制动控制信号，此制动控制信号使光耦合器 IC6（P701）的第 3 脚变为低电平，此时 +5V 电压经过光耦合器 IC6 的第 1 脚流入芯片内部的发光二极管，使其发光，接着从光耦合器 IC6 的第 5 脚输出 15V 左右的驱动信号，此驱动信号经过电阻 R511 分压后，变为 14V 左右的电压加到 VT2（制动 IGBT）的控制极，使 VT2（制动 IGBT）导通（当 IGBT 内部的结电容通电电压达到 10V 以上时，IGBT 会导通）。

　　② 当 IGBT 导通后，P 和 C 之间连接的制动电阻就会被接通，这时就会将母线中的多余的高压通过制动电阻释放掉（制动电阻会将电能转换成热能）。

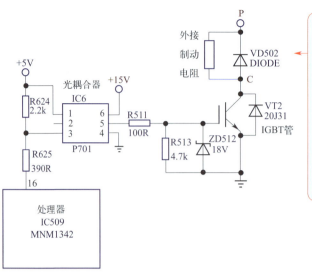

图中，制动电阻外接在P和C端子之间，电路中IC509为处理器（CPU），IC6（P701）为集成电路型光耦合器，用来驱动制动IGBT管（VT2），电路中电阻R513的作用是防止IGBT自击损坏，稳压二极管ZD512的作用是防止IGBT的控制端接入过高电压而损坏，当控制端电压超过18V时，稳压二极管ZD512导通，从而保护IGBT管。

图 7-2　工控设备的制动电路原理图

7.1.3　制动电路故障检测电路运行原理

　　制动电路故障检测电路的作用是检测制动电路是否正常，当 IGBT 管一直导通或者光耦合器 IC6 的第 5 脚一直输出高电平驱动信号，处理器（CPU）就会发出报警信号，报制动电路异常。

　　如图 7-3 所示为制动电路故障检测电路工作原理图。制动电路故障检测电路主要由光耦合器（IC5）、处理器（IC509）、电阻、电容等组成。

　　制动电路故障检测电路的工作原理如下：

　　① 当制动电路不工作时，P 端电位与 C 端电位相同，都为 P+ 电压。由于光耦合器（IC5）的第 1 和 2 脚都为 P+ 电压，电位相同，因此光耦合器（IC5）内部的发光二极管没有电流流过，不会发光，这时光耦合器（IC5）内部的光敏三极管也就处于截止状态，即光耦合器（IC5）的第 4 脚为低电平，其连接的 CPU（IC509）第 2 脚也就为低电平。CPU 内部电路检测到低电平就会认为制动电路

正常。

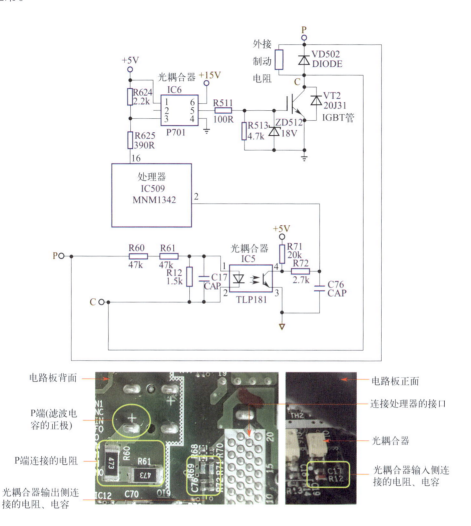

图 7-3　工业电路板制动电路故障检测电路原理图

② 当 IGBT（VT2）短路损坏，则 C 端直接接地，这时 P+ 电压会从 P 端流向 C 端，即 P+ 电压经电阻 R60、R61、R12 分压后，从光耦合器（IC5）的第 1 脚流过第 2 脚，流向 C 端。这时光耦合器内部的发光二极管发光，同时其内部的光敏三极管会导通，+5V 电压经过电阻 R71 后进入光耦合器的第 4 脚，从第 3 脚流出接地。此时光耦合器（IC5）的第 4 脚输出高电平信号，此信号将 CPU（IC509）的第 2 脚电压变为高电平。CPU 内部电路检测到第 2 脚的高电平信号后，会认为制动电路故障，同时发出制动电路异常的报警信号。

7.2 制动电路故障检修流程图

　　当工控设备的制动电路有故障时可以参考制动电路故障检修流程对工控设备进行检测。检测时重点检测制动电路的关键测试点，通过测试点快速准确地找出故障的部件，并修复制动电路故障。

　　制动电路故障主要是由制动 IGBT 管故障、二极管故障、光耦合器故障、处理器故障等引起的。通常会出现开机烧制动电阻、制动功能失效、开机后显示制动故障报警等故障现象。制动电路故障检修具体流程如图 7-4 所示。

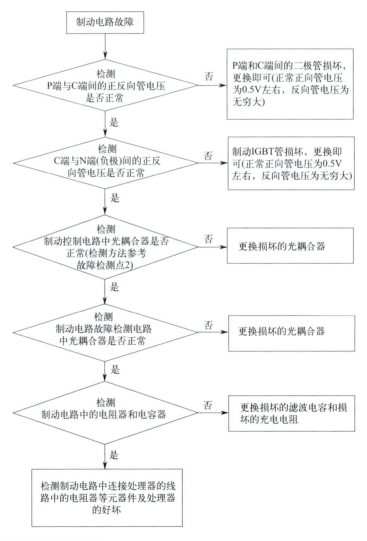

图 7-4　制动电路故障检修流程图

7.3 制动电路故障检测点

在检测工业电路板制动电路的故障时，可能会发现几个故障率较高的部件，如二极管、制动 IGBT 管、电阻、滤波电容、光耦合器等。在检测制动电路故障时，经常需要测量一些易坏部件的好坏，以排除好的元器件，找到故障元器件。下面讲解一些易坏元器件的检测方法。

7.3.1 图解制动电路易坏芯片元件

工业电路板制动电路易坏元器件主要有：二极管、制动 IGBT 管、光耦合器、电阻器等。如图 7-5 所示。

光耦合器　　光耦合器

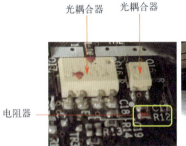

电阻器　　　　　　　　　　　　　　　　　　制动IGBT管

图 7-5　制动电路易坏元器件

7.3.2 图解制动电路故障检测点

工业电路板制动电路的故障检测点主要包括以下几个。

（1）故障检测点 1：制动 IGBT 管

在制动电路中的制动 IGBT 管出现问题，会导致制动电路不起作用，或烧坏制动电阻。当怀疑制动 IGBT 管有问题时，可以通过测量制动 IGBT 管内部的二极管的管电压来判断好坏。如图 7-6 所示。

（2）故障检测点 2：光耦合器

光耦合器是否出现故障，可以根据其内部的二极管和三极管的正反向管电压来确定。如果需要使用万用表进行检测，可以参照下面的方法。

测量光耦合器时，可以测量其内部的发光二极管和光电三极管是否正常，测量的方法如图 7-7 所示。

①测量制动IGBT管可以通过C端子和N（一）端子来测量。
②将数字万用表调到二极挡，然后将万用表黑表笔接C端子，红表笔接N（一）端子，测量制动IGBT管的管电压，正常值应该为0.45V左右。

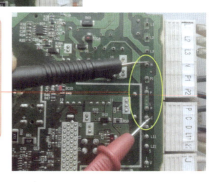

③调换两支表笔再测一次，正常应该为无穷大。
④如果两次测量中有值为0或很小的情况，说明制动IGBT管被击穿或漏电损坏。
⑤如果第一次测量值为无穷大，说明制动IGBT管开路损坏。

图7-6　检测制动 IGBT 管好坏

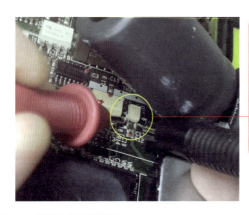

①将数字万用表调到二极管挡，然后将红表笔接1脚，黑表笔接2脚，测量管电压值，正常为0.6~1.2V。之后调换表笔再次测量，正常值为无穷大。
②将两支表笔接第3、4脚测量，正常为0.6~2.4V。如果几次测量的值中有0，则光耦合器损坏。

图7-7　检测光耦合器好坏

（3）故障检测点3：二极管

在制动电路的 P 端子和 C 端子之间一般会有一个二极管，此二极管出现问题，会导致制动电路出现问题。当怀疑此二极管有问题时，可以通过测量二极管的管电压来判断好坏。如图 7-8 所示。

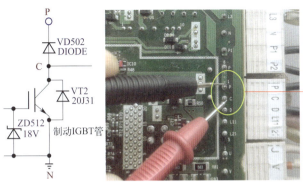

①二极管VD502可以通过P端子和C端子来测量。
②将数字万用表调到二极管挡，然后将万用表黑表笔接P端子，红表笔接C端子，测量二极管VD502的管电压，正常值应该为0.5V左右。

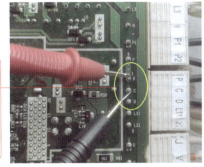

③调换两支表笔再测一次，正常应该为无穷大。
④如果两次测量中有值为0或很小的情况，说明二极管被击穿或漏电损坏。
⑤如果第一次测量值为无穷大，说明二极管开路损坏。

图7-8　检测二极管好坏

（4）故障检测点4：电阻器

　　工业电路板制动电路包含一些分压电阻、自激电阻等电阻器。这些电阻器的检测方法与普通电阻的检测方法相同，可以通过测量其阻值来判断好坏。如图7-9所示。

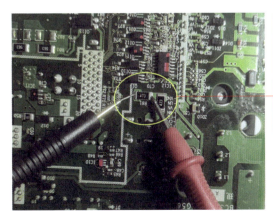

根据电阻器的标称阻值，将万用表调到相应的欧姆挡位，然后将两支表笔接电阻器的两只引脚，测量其阻值。如果测量的阻值与标称阻值基本一致，就说明电阻是正常的；如果测量的阻值为0或很小，或为无穷大，说明电阻器已损坏。

图7-9　电阻器好坏检测

工业电路板中制动电路工作在高电压、大电流的环境下，比较容易损坏。如果制动电路出现故障，就会影响工控设备的正常刹车，继而影响设备的正常工作。下面将重点讲解工业电路板制动电路故障现象、原因分析及故障维修方法。

7.4.1 制动电路常见故障总结

（1）制动电路常见故障现象

制动电路常见故障现象如下：
① 开机烧制动电阻。
② 制动功能失效。
③ 开机后出现制动故障报警。

（2）造成制动电路故障的原因分析

造成制动电路故障的原因如下：
① 制动电路中的二极管损坏。
② 制动电路中的制动 IGBT 管损坏。
③ 制动电路中的光耦合器损坏。
④ 制动电路中的 IGBT 保护电阻损坏。
⑤ 制动电路中的 IGBT 保护稳压管损坏。
⑥ 制动电路中的分压电阻损坏。
⑦ 处理器损坏。

7.4.2 制动电路常见故障诊断维修

制动电路中最容易损坏的元器件是制动 IGBT、光耦合器、制动电阻、二极管等。在瞬间电流过大或脉冲过大时，会使制动 IGBT 饱和导致制动 IGBT 损坏。如果制动 IGBT 或制动电阻等发生断路故障，制动电路失去对电动机的制动功能，同时滤波电容两端会充得过高的电压，易损坏制动电路中的元件。如果制动 IGBT、光耦合器、制动电阻等发生短路故障，那么制动电路电压下降，同时增加整流电路负担，易损坏整流电路。

在检测制动电路时，可以先测量制动 IGBT、光耦合器、制动电阻等是否正常，如图 7-10 所示。

①测量制动IGBT可以通过PB或B2或C端子和N（－）端子来测量。
②将数字万用表调到二极管挡，然后将万用表黑表笔接PB或B2或C端子，红表笔接N（－）端子测量制动IGBT，正常值应该为0.45V左右。然后调换两支表笔再测一次，正常应该为无穷大。
③如果两次测量中有值为0或很小的情况，说明制动IGBT被击穿或漏电损坏。
④如果第一次测量值为无穷大，说明制动IGBT开路损坏。

⑤如果制动IGBT正常，接下来测量制动电路中光耦合器是否正常。用数字万用表的二极管挡测量，将红表笔接光耦合器内部发光二极管的正极引脚，一般为光耦合器的第1脚，黑表笔接第2引脚，测量管电压。正常值为0.6～1V，调换表笔测量，正常值为无穷大。
⑥如果两次测量中有值为0或很小的情况，说明光耦合器内部被击穿损坏。如果两次测量值均为无穷大，说明光耦合器开路损坏。

图 7-10　测量制动电路元件

7.5 技能实战

7.5.1　制动电路跑线实战

　　根据制动电路的原理图（参考图 7-11），实际测量制动电路中各元器件的走线。

　　具体跑线测量步骤如下。

　　第 1 步：将数字万用表调到蜂鸣挡，测量制动电阻连接点 P 端子和 C 端子到二极管 VD3 的线路，如图 7-12 所示。

　　第 2 步：测量制动电阻连接点 C 端子到制动 IGBT 管 C 极的线路，如图 7-13 所示。

　　第 3 步：测量制动 IGBT 管 E 极到 N 端子的线路，如图 7-14 所示。

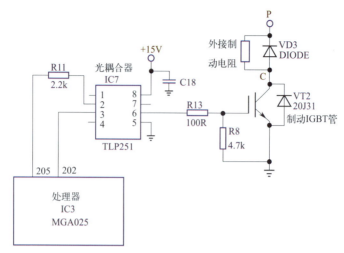

图 7-11　制动电路的原理图

图 7-12　测量 P 端子和 C 端子到二极管 VD3 的线路

第 4 步：测量制动 IGBT 管 G 极和 E 极到电阻 R8 的线路，如图 7-15 所示。

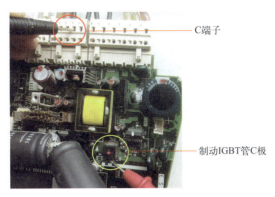

图 7-13 测量 C 端子到制动 IGBT 管 C 极的线路

图 7-14 测量制动 IGBT 管 E 极到 N 端子的线路

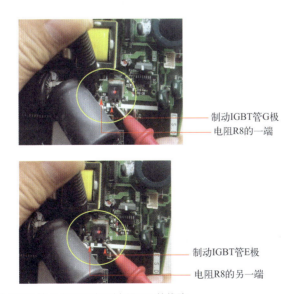

图 7-15 测量制动 IGBT 管 G 极和 E 极到电阻 R8 的线路

第5步：测量制动 IGBT 管 G 极到电阻 R13 的线路，如图 7-16 所示。

制动IGBT管G极

电阻R13

图 7-16　测量制动 IGBT 管 G 极到电阻 R13 的线路

第6步：测量电阻 R13 到光耦合器 IC7 第 6 脚的线路，如图 7-17 所示。

电阻R13另一端

光耦合器IC7第6脚

图 7-17　测量电阻 R13 到光耦合器 IC7 第 6 脚的线路

第7步：测量光耦合器 IC7 第 3 脚到处理器 IC3 的线路，如图 7-18 所示。

光耦合器IC7第3脚

数据接口第11脚

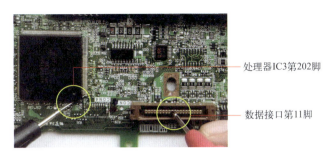

处理器IC3第202脚

数据接口第11脚

图 7-18　测量光耦合器 IC7 第 3 脚到处理器 IC3 的线路

7.5.2　制动电路故障维修实战案例

客户送来一台故障变频器，描述此变频器故障为变频器可以正常开机，但一上电就会烧制动电阻。变频器烧制动电阻的故障一般都是由制动 IGBT 管短路故障引起的，因此接下来重点检查变频器的制动电路。

此变频器故障检测维修方法如下。

第 1 步：在断电情况下，检测制动电路中的制动 IGBT 管和二极管是否有损坏的情况。如图 7-19 所示。

测量的管电压为0.483V，测量值在正常范围。

将数字万用表调到二极管挡，将黑表笔接直流母线的正极，即+端子（P端子），红表笔接连接制动电阻的PB端子，测量制动电路中和制动电阻并联的二极管的管电压。

图 7-19　测量制动电路中二极管的好坏（一）

第 2 步：将红黑表笔对调，继续测量二极管反向电压值，如图 7-20 所示。

第 3 步：测量制动电路中制动 IGBT 管好坏，如图 7-21 所示。

第 4 步：继续测量反向管电压值，如图 7-22 所示。

第 5 步：拆开变频器外壳，然后将损坏的制动 IGBT 管更换掉，如图 7-23 所示。

测量的值为无穷大，说明和制动电阻并联的二极管正常。

将红表笔接+端子，黑表笔接PB端子，测量二极管反向电压值。

图 7-20　测量制动电路中二极管的好坏（二）

测量的值为0V，正常应该为0.5V左右，测量值不正常。

将数字万用表调到二极管挡，将红表笔接负端子（N端子），黑表笔接PB端子，测量制动IGBT管电压。

图 7-21　测量制动 IGBT 管好坏（一）

测量的值为0V，正常应该为无穷大，正反管电压值都不正常，说明制动IGBT管损坏。

将红黑表笔对调，再次测量，即红表笔接PB端子，黑表笔接负端子。

图 7-22　测量制动 IGBT 管好坏（二）

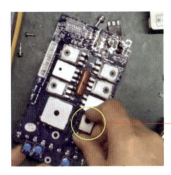

—— 更换损坏的制动IGBT管

图 7-23　更换制动 IGBT 管

　　第 6 步：将修复的电路板装好，然后将负载灯泡连接到变频器（防止短路造成二次损坏），并将电源接入变频器电源输入端，之后开机测试。如图 7-24 所示。

变频器可以正常开机，再用万用表测量连接制动电阻的PB端子和P端子间的电压，测量的电压为0V，制动电阻两端的电压正常，故障排除。

图 7-24　测试修复的变频器

第 8 章

工业电路板开关电源电路故障维修实战

工业电路板中的开关电源电路主要为工控设备的控制电路（如处理器）、驱动电路等提供工作电压，这部分电路如果出现故障会导致工控设备无法正常工作。本章将重点讲解开关电源电路的结构原理及故障维修方法。

 开关电源电路运行原理

工业电路板的开关电源电路主要用来产生 24V、15V、-15V、5V 等低压直流电压，为工业电路板的各种电路等提供工作电压。其中，处理器（CPU）及附属电路、控制电路、操作显示面板需要 +5V 供电；电流、电压、温度等故障检测电路、控制电路需要 ±15V 供电；控制端子、工作继电器线圈需要 24V 供电；驱动电路需要约 22V 供电。该四路供电往往又经稳压电路处理成 +15V、-7.5V 的正、负电源给驱动电路供电，为 IGBT/IPM 逆变输出电路提供激励电流。可以说，开关电源电路是工业电路板正常工作的先决条件。

8.1.1 图解开关电源电路的组成

工业电路板开关电源电路主要由桥式整流滤波电路、开关振荡电路、整流滤波输出电路、稳压控制电路、保护电路等组成。如图 8-1 和图 8-2 所示为工业电路板开关电源电路的两种组成结构图和工业电路板电源板中开关电源电路。

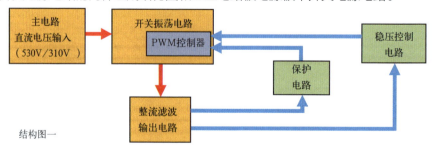

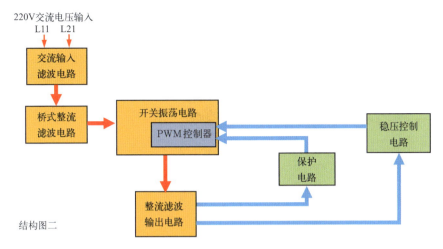

图 8-1 开关电源电路的组成框图

图 8-2 工业电路板电源板中开关电源电路

（1）交流输入滤波电路

交流输入滤波电路主要由滤波电容、滤波电感、熔断器、热敏电阻等组成，如图 8-3 所示。

（2）桥式整流滤波电路

桥式整流滤波电路由整流桥堆（或 4 个整流二极管）和滤波电容组成，如图 8-4 所示。

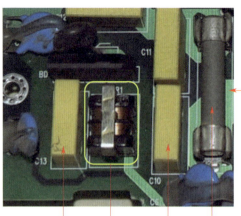

交流输入滤波电路作用是过滤外接市电中的高频干扰（电源噪声），避免市电电网中的高频干扰影响电路的正常工作，同时也起到减少开关电源电路本身对外界的电磁干扰的作用。

滤波电容　　滤波电感　　滤波电容　　熔断器

图 8-3　交流输入滤波电路

桥式整流滤波电路主要负责将经过滤波后的220V交流电，进行全波整流，转变为直流电压，然后再经过滤波将电压变为市电电压的1.414倍（$\sqrt{2}$倍），即310V左右的直流电压。

整流桥堆　　　　　　滤波电容

图 8-4　桥式整流滤波电路

（3）开关振荡电路

开关振荡电路主要由开关管、开关变压器、PWM 控制芯片等组成，如图 8-5 所示。

（4）整流滤波输出电路

整流滤波输出电路主要由整流二极管、滤波电容、滤波电感等组成，如图 8-6 所示。

（5）稳压控制电路

稳压控制电路主要由精密稳压器、取样电阻、光耦合器等组成，如图 8-7 所示。

开关变压器　　　　开关管　　　　　　　　　　　PWM控制芯片

> 开关振荡电路是开关电源中的核心电路，作用是通过PWM控制器输出的矩形脉冲信号，驱动开关管不断地导通、截止，处于开关振荡状态，从而使开关变压器的初级线圈产生开关电流，并在次级线圈中产生感应电流。

图 8-5　开关振荡电路

> 整流滤波输出电路的作用是将开关变压器次级端输出的电压进行整流与滤波，得到稳定的直流电压输出。因为输出的电压会有电磁干扰，所以必须经过整流滤波处理才能得到纯净的5V、±15V、24V等直流电压。

滤波电容

滤波电容

滤波电感

快恢复二极管

图 8-6　整流滤波输出电路

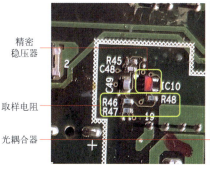

精密稳压器

取样电阻

光耦合器

> 稳压控制电路的作用是在误差取样电路的作用下，通过控制开关管激励脉冲的宽度或周期，控制开关管导通时间的长短，使输出电压趋于稳定。

图 8-7　稳压控制电路

（6）保护电路

保护电路主要由取样电阻、PWM 控制芯片、光耦合器等组成，如图 8-8 所示。

光耦合器

PWM
控制芯片

保护电路的作用是在输出电压超过设计值时，把输出电压限定在安全值的范围内。当开关电源内部稳压回路出现故障，或由于操作不当引起输出电压过高现象时，其起到保护开关电源电路以防止损坏后级设备的作用。

图 8-8　保护电路

8.1.2　工业电路板开关电源电路的供电来源

工业电路板的开关电源电路的供电电源一般有以下几种来源方式。

（1）取自交流电源输入端（R、S、T 中的两相或独立输入 L11 和 L21）

有一部分工业电路板的开关电源电路的供电取自电源输入口，即从 R、S、T 或 L1、L2、L3 输入端子中的任两相上取得 380V 电源，然后经过变压器转变为 220V 交流电后给开关电源电路供电；或单独为开关电源电路提供输入电源（L11 和 L21）。如图 8-9 所示。

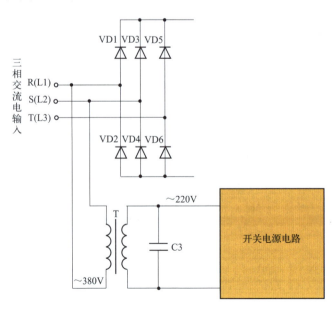

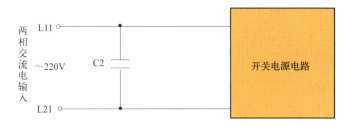

图 8-9　开关电源电路供电来源方式（一）

（2）直接取自工业电路板主电路的整流电路

一些工业电路板的开关电源电路的供电电源取自主电路中整流滤波电路处理后的直流电压（即输入的三相 380V 交流电经过三相整流电路整流后，再经过滤波电路滤波，输出 530V 左右的直流电压）。一般工业电路板厂家会将获取直流电的端口标注为 P 端（P1 端）和 N 端（－端）等，如图 8-10 所示。

有一部分工业电路板的开关电源电路的供电取自主电路的直流滤波电路中的滤波电容，如图 8-11 所示。由于直流滤波电路中的两只滤波电容串联接于直流回路上，两只电容对 530V 直流电压形成分压，当 R1、R2 阻值相等时每只滤波电容上的电压为 265V 左右。

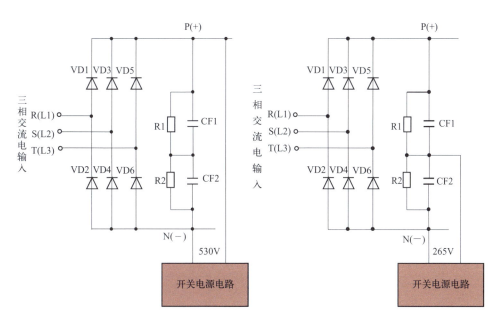

图 8-10　开关电源电路供电来源方式（二）　　图 8-11　开关电源电路供电来源方式（三）

8.1.3 开关电源电路运行原理

如图 8-12 所示为工业电路板开关电源电路图，下面以此电路图为例讲解开关电源电路的工作原理。

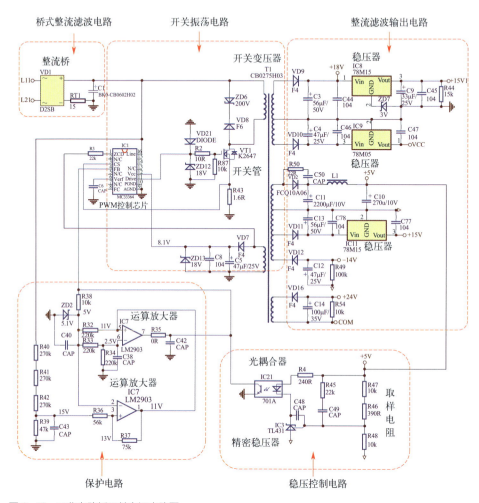

图 8-12　工业电路板开关电源电路图

1）桥式整流滤波电路工作原理

桥式整流滤波电路主要负责将输入的交流电（220V 或 380V）进行全波整流，转变为直流电压，然后再经过滤波电容滤波后将直流电压变为市电电压的 1.414 倍（$\sqrt{2}$倍），即 310V/537V 直流电压。

开关电源电路中的桥式整流滤波电路主要由整流桥堆（或 4 个整流二极管）、高压滤波电容等组成，如图 8-13 所示。

图 8-13 中，VD1 为整流桥堆，由 4 个整流二极管组成，C1 为高压滤波电容，

它们组成了桥式整流滤波电路。

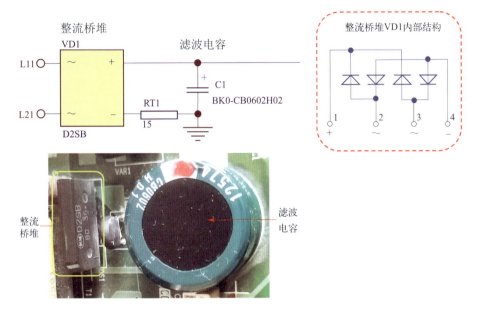

图 8-13　开关电源电路中的整流滤波电路

　　桥式整流滤波电路的工作特点是：脉冲小，电源利用率高。220V 交流电进入整流桥堆进行全波整流，之后经滤波电容 C1 滤波后，输出 310V 左右的直流电压。

　　下面以图 8-14 所示的桥式整流滤波电路为例详细讲解桥式整流滤波电路的工作原理。图中的桥式整流电路由 4 只整流二极管 VD805 ~ VD808 两两对接连接成电桥形式。工作时，利用整流二极管的单向导通性进行整流，将交流电转变为直流电。

　　桥式整流滤波电路的工作原理如下：

　　① 桥式整流电路中每个整流二极管上流过的电流是负载电流的一半，当在交流电源的正半周时，整流二极管 VD807 和 VD805 导通，VD808 和 VD806 截止，电流从正极流过 VD807、负载，然后流过 VD805 后流回负极端，此时输出正的半波整流电压；当在交流电源的负半周时，整流二极管 VD808 和 VD806 导通，VD807 和 VD805 截止，由于 VD808 和 VD806 这两只管是反接的，所以输出还是正的半波整流电压。

　　② 图中的 C810 为滤波电容，它并联在桥式整流电路输出端，用以降低交流脉动波纹系数、平滑直流输出电压。它是利用滤波电容的充放电原理达到滤波作用的。

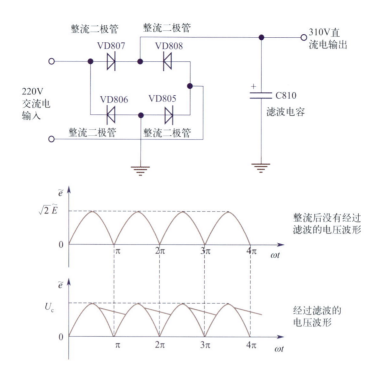

图 8-14　整流滤波电路原理图及波形图

③ 在脉动直流波形的上升段，滤波电容 C810 充电，由于充电时间常数很小，所以充电速度很快；在脉动直流波形的下降段，滤波电容 C810 放电，由于放电时间常数很大，所以放电速度很慢。在滤波电容 C810 还没有完全放电时再次开始进行充电。这样通过滤波电容 C810 反复充放电，从而实现了滤波作用。

④ 桥式整流滤波电路中的滤波电容 C810 不仅使电源直流输出电压平滑稳定，而且降低了交变脉动电流对电子电路的影响，同时还吸收了电路工作过程中产生的电流波动和交流电源干扰，使得电路的工作性能更加稳定。

2）开关振荡电路工作原理

开关振荡电路的作用是通过脉冲驱动控制信号，驱动开关管不断地导通、截止，处于开关振荡状态，从而在开关变压器的初级线圈中产生开关电流，使开关变压器处于工作状态，在次级线圈中产生感应电流，再经过整流滤波输出电压。

一般工业电路板的开关振荡电路主要由开关管、PWM 控制器、开关变压器、电阻器、电容器、二极管等组成，如图 8-15 所示为开关振荡电路组成元件。

在开关电源电路中，开关管与开关变压器一起构成一个自激式（或他激式）的间歇振荡器。而 PWM 控制芯片输出开关管的控制驱动信号，驱动控制开关管导通和截止，这样开关管就将整流滤波后的直流电流变成脉冲电流，此电流经过开关变压器后感应出直流电压，在间歇振荡器的作用下调制成一个高频脉冲电压。

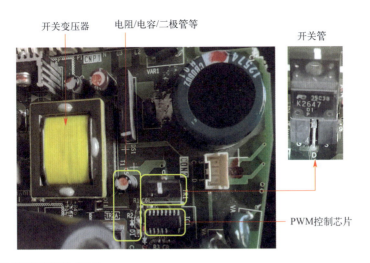

图 8-15 开关振荡电路组成元件

在工业电路板的开关电源电路中，应用较多的 PWM 控制芯片包括 UC3844、UC3842 等。下面以 UC3844 控制芯片组成的开关电源电路为例讲解开关振荡电路的工作原理。如图 8-16 和表 8-1 所示为 UC3844 控制芯片的引脚图和 UC3844 控制芯片引脚功能。

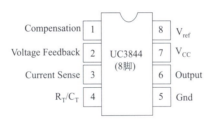

图 8-16 UC3844 控制芯片的引脚图

表 8-1 UC3844 控制芯片引脚功能

引脚号	引脚名称	功能
1	COMP（RF）	频率补偿引脚，为芯片内部误差放大器的输出
2	VFB（UFB）	将开关电源输出端的一部分电压反馈到第 2 脚进入芯片内部误差放大器的反相输入端，过压时调整芯片内部使第 6 脚输出脉冲为零，实现过压保护
3	ISEN（IFB）	此引脚是过流检测反馈输入引脚，将开关管的漏极（D）、源极（S）导通的过流电流经 1kΩ 电阻反馈送到芯片第 3 脚控制芯片内部振荡器停振，使第 6 脚输出送开关管栅极的脉冲为零，实现过流保护

139

引脚号	引脚名称	功能
4	Rt/Ct（R/CT）	此引脚外接振荡定时电容器，内接振荡电路，外定时电容器的容量决定振荡的频率
5	GND	芯片接地端
6	OUT	此引脚为脉冲方波信号的输出端，输出方波脉冲信号送开关管栅极（G），控制开关管工作在导通与截止状态，使脉冲变压器初级线圈产生交变磁场
7	VCC	此引脚为芯片的供电引脚，启动电来自启动降压电路，在芯片工作后，第 7 脚电压由启动降压与反馈电路共同组成
8	Vref	此引脚为基准电压测试端，可测出芯片内部稳压是否良好

开关振荡电路工作原理如下（以图 8-17 所示的开关振荡电路为例）：

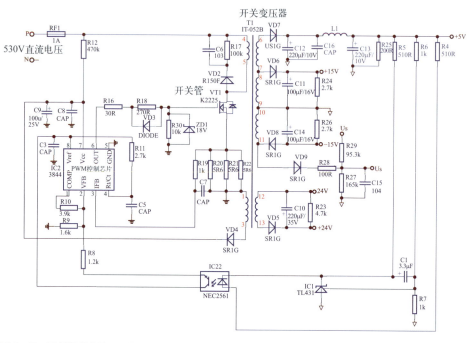

图 8-17　开关振荡电路原理图

① PWM 控制芯片 UC3844 开始工作的第一步是启动 PWM 控制芯片，当 530V 直流电压经启动电阻 R12 分压，电容 C8、C9 滤波后，加到 PWM 控制器 IC2（3844）的第 7 脚，为其提供启动电压。

② IC2（3844）启动后，其内部电路开始工作，其第 6 脚内部连接的 PWM 波形成电路产生振荡脉冲，并由第 6 脚输出，经电阻 R16、R18，再由电阻 R30、稳压二极管 ZD1 消噪和正向限幅后，加到开关管 VT1 的栅极，使 VT1 导通。此时电流流过开关变压器 T1 的初级线圈 4—5，并在 1—3 线圈产生感应电压。此感

应电压由整流二极管 VD4、滤波电容 C8 和 C9 整流滤波后，产生 15V 直流电压并加到 IC2 芯片的第 7 引脚 VCC 端，为 PWM 控制器提供自供电，取代启动电路维持电源正常振荡（电容 C6、电阻 R17、二极管 VD2 组成的电路用来吸收输入电压中的尖峰电流，防止击穿开关管）。

③ IC2（3844）芯片启动后，其第 8 脚输出 5V 基准电压，除提供第 8、4 脚之间的 RC 振荡定时电路的供电外，还提供稳压控制电路中 IC22 输出侧内部晶体管的电源；IC2 芯片的第 1、2 脚之间所并联的电阻 R10 等元件，构成了内部电压误差放大器的反馈回路，决定了放大器的增益和频率传输特性。

④ 当电流流过开关变压器 T1 的 4—5 绕组、开关管 VT1 和电阻 R20、R21、R22，在开关变压器 T1 的初级线圈产生上正下负的电压；同时，开关变压器 T1 的次级产生下正上负的感应电动势，这时变压器次级上的整流二极管截止，此阶段为储能阶段。

⑤ 此时，电流经电阻 R19 给电容 C7 充电并加到 PWM 控制器的第 3 引脚 PWM 比较器同相输入端，与内部电路基准电压比较，产生控制信号送后级 PWM 波形成电路。当电容 C7 上的电压上升到大于 PWM 控制器内部的比较器反相端的电压时，比较器控制 RS 锁存器复位，PWM 芯片的第 6 引脚输出低电平到开关管 VT1 的栅极，开关管 VT1 截止。此时开关变压器 T1 初级线圈上的电流在瞬间变为 0，初级线圈的感应电压为下正上负，在次级上感应出上正下负的电压，此时变压器次级的整流二极管导通，开始为负载输出电压。就这样 PWM 控制器控制开关管不断地导通和关闭，开关变压器 T1 的次级就会不断地输出直流电压。

3）整流滤波输出电路工作原理

整流滤波输出电路的作用是将开关变压器次级端输出的脉动电压进行整流与滤波，得到稳定的直流电压输出。开关变压器的漏感和输出二极管的反向恢复电流造成的尖峰，形成了潜在的电磁干扰，因此要得到纯净的 5V、15V、−15V、24V 等电压，开关变压器输出的电压必须经过整流滤波处理。

整流滤波输出电路主要由整流二极管、滤波电容、电感、稳压器等组成，如图 8-18 所示。

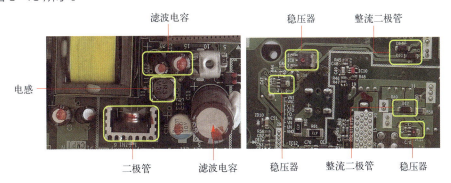

图 8-18　整流滤波输出电路组成结构

下面以图 8-19 所示的整流滤波输出电路为例讲解整流滤波输出电路工作原理（以 5V 输出电压为例讲解）。

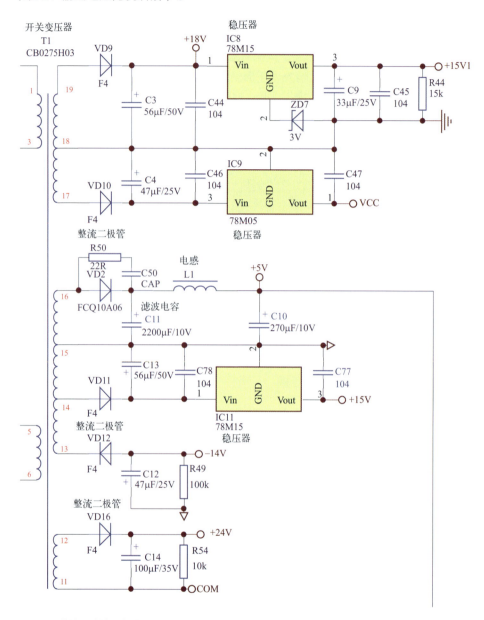

图 8-19 整流滤波输出电路图

① 图中，开关变压器 T1 二次绕组的整流滤波输出电路输出 5V、24V、15V、−14V 等各路常规用电。其中，5V 供电电压由整流二极管 VD2、LC 滤波

电路（由电感 L1 和电容 C10、C11 组成）组成的整流滤波电路提供。由于电感有"通直流，阻交流，通低频，阻高频"的功能，而电容有"阻直流，通交流"的功能，因此在 5V 整流滤波输出电路中使用 LC 滤波电路，可以利用电感吸收大部分交流干扰信号，将其转化为磁感和热能，剩下的大部分被电容旁路到地。这样就可以抑制干扰信号，在输出端获得比较纯净的直流电。

② 15V 供电电压由整流二极管 VD11、滤波电容 C13 和 C78、稳压器 IC11 组成的电路提供；−14V 供电电压由整流二极管 VD12、滤波电容 C12 组成的电路提供；24 V 供电电压由整流二极管 VD16、滤波电容 C14 组成的整流滤波电路提供。

③ 当开关变压器 T1 的次级线圈 16—15 感应出上正下负的电流时，电流经过整流二极管 VD2、电感器 L1 为电容器 C10、C11 充电，电能储存在电感 L1 的同时也为外接负载提供 5V 的电能。当开关变压器 T1 的次级线圈无感应电流时，电容器 C10、C11 放电，与电感器 L1 一起为负载提供 5V 的电能。电路中电阻 R50 和电容 C50 组成了尖峰滤波电路，用来过滤尖峰干扰信号。

4）稳压控制电路工作原理

由于电网的交流电是在一定范围内变化的，当电网电压升高时，开关电源电路的开关变压器输出的电压也会随之升高，为了得到稳定的输出电压，在开关电源电路中都会设计一个稳压控制电路，用于稳定开关电源输出的电压。

稳压控制电路的主要作用是在误差取样电路的作用下，通过控制开关管激励脉冲的宽度或周期，控制开关管导通时间的长短，使输出电压趋于稳定。

稳压控制电路主要由 PWM 控制芯片（控制器内部的误差放大器、电流比较器、锁存器等）、精密稳压器（TL431）、光耦合器、取样电阻等组成，如图 8-20 所示为稳压控制电路组成。

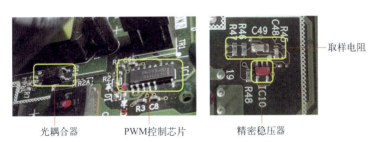

图 8-20　稳压控制电路组成

（1）光耦合器

光耦合器的主要作用是将开关电源输出电压的误差反馈到 PWM 控制器上。当稳压控制电路工作时，在光耦合器输入端加电信号驱动内部发光二极管发出一定波长的光，被光敏三极管接收而产生光电流，再经过进一步放大后输出。这就完成了电－光－电的转换，从而起到输入、输出隔离的作用。如图 8-21 所示为光耦合器的实物图及内部结构图。

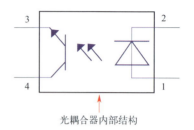

表面的小凹点和电路板上
的小圆圈是第1脚标志

光耦合器内部结构

图 8-21　光耦合器实物图及内部结构图

（2）精密稳压器

精密稳压器是一种可控精密电压比较稳压器件，相当于一个稳压值在 2.5 ～ 36V 间可变的稳压二极管。常用的精密稳压器有 TL431 等，精密稳压器的实物、外形、符号及内部结构如图 8-22 所示，其中，A 为阳极，K 为阴极，R 为控制极。精密稳压器的内部有一个电压比较器，该电压比较器的反相输入端接内部基准电压 2.5（1±2%）V。该比较器的同相输入端接外部控制电压，比较器的输出用于驱动一个 NPN 型晶体管，使晶体管导通，电流就可以从 K 极流向 A 极。

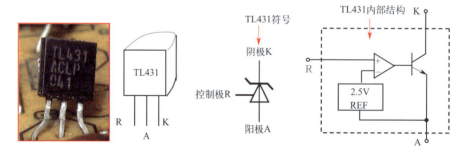

图 8-22　TL431 精密稳压器

TL431 稳压器的工作原理为：加到 R 端的电压 U_{RA}，在 TL431 内部比较运算放大器中，与基准电压（REF）进行比较，当其高于基准电压时，内部的运算放大器输出高电压使内部三极管导通加强（即电流 I_{KA} 增大），反之，电流 I_{KA} 减小。TL431 主要用在稳压控制电路中。

（3）稳压控制电路工作原理详述

稳压控制电路的电路原理图如图 8-23 所示。

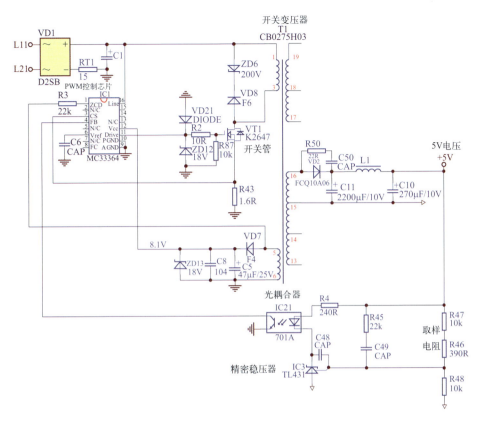

图 8-23　稳压控制电路原理图

稳压控制电路工作原理如下：

① 图中稳压控制电路由 5V 电压输出端，取样电阻 R46、R47、R48，精密稳压器 IC3（TL431），光耦合器 IC21，PWM 芯片 IC1 的第 4 脚，电阻 R45 和 R4 等元器件构成。开关电源电路输出的 5V 为 CPU 直接供电，而 CPU 较之其他电路对供电有较苛刻的要求，要求电压的波动不大于 5%，因而开关电源的电压反馈信号就取自这里。

② 当 5V 输出电压下降时，取样电阻 R46、R47 和电阻 R48 分压点电压下降，低于精密稳压器 TL431 的参考电压 2.5V 时，TL431 的导通程度降低，使 5V 输出电压经电阻 R4 流过光耦合器 IC21 中的发光二极管的发光强度随之下降，光耦合器 IC21 输出侧光敏三极管因受光面的光通量下降，其导通等效内阻增加，流过的电流减小，使 PWM 控制芯片 IC1 第 4 脚的电压信号升高，内部误差放大器的输出增加，此信号控制内部 PWM 波发生器，IC1 芯片的第 11 脚输出的脉冲占空比变化——低电平脉冲时间减少，使开关管 VT1 的导通时间变长，开关变压器 T1 的储能增加，二次绕组输出电压会增大，实现稳压的功能。

5）保护电路工作原理

开关电源电路中保护电路包括开关管保护电路、过电流保护电路、短路保护电路、欠压保护电路等，下面详细分析。

（1）开关管保护电路

如图 8-24 所示，开关管保护电路是由电容 C6、电阻 R17、二极管 VD2 组成的尖峰吸收电路，用来吸收输入电压中的尖峰电流，防止开关管在导通和截止转换时被击穿。有的开关管保护电路由瞬态电压抑制二极管 ZD6 和二极管 VD8 组成。

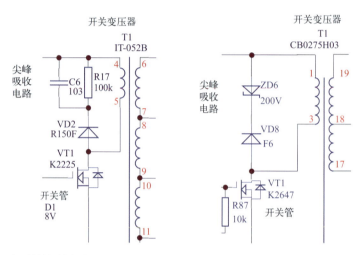

图 8-24　两种开关管保护电路

（2）过电流保护电路

如图 8-25 所示，过电流保护电路由取样电阻 R43、PWM 控制芯片 IC1 的第 3 脚（CS）等组成。

当开关电源电路输入端 310V 直流电压升高时，开关变压器 T1 一次绕组中的电流，经开关管 VT1 的漏极（D）、源极（S）后，在电流采样电阻 R43 上产生的电压增大，此电流采样信号输入到 PWM 控制芯片 IC1 的第 3 脚，与内部电路基准电压比较，产生控制信号送后级 PWM 波形成电路。

当取样电阻 R43 两端的电压大于 0.11V 时，芯片 IC1 就会认为发生过流故障，进而控制芯片 IC1 停止工作，第 11 脚停止输出驱动信号，使开关管停止工作，起到保护开关管和后级负载电路安全的作用。

（3）短路保护电路

短路保护电路主要由光耦合器 IC21、PWM 控制芯片 IC1 等组成，如图 8-26 所示。

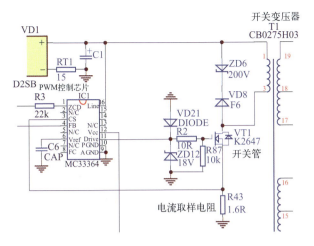

图 8-25　过电流保护电路

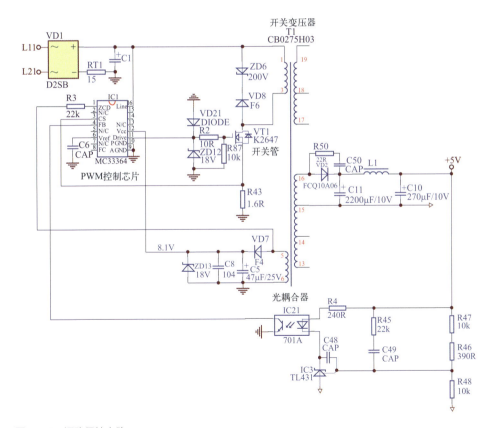

图 8-26　短路保护电路

短路保护电路工作原理如下：当 5V 输出电路出现短路故障时，5V 输出电压消失，光耦合器 IC21 不导通，反馈电压变为 0，PWM 控制芯片 IC1 第 4 脚检测的电压为 0，控制 IC1 芯片内部振荡器停止工作，开关电源停止工作，从而起到保护电路的作用。

（4）欠压保护电路

欠压保护电路主要由运算放大器 IC7、PWM 控制芯片 IC1、电阻、电容和二极管等组成，如图 8-27 所示。

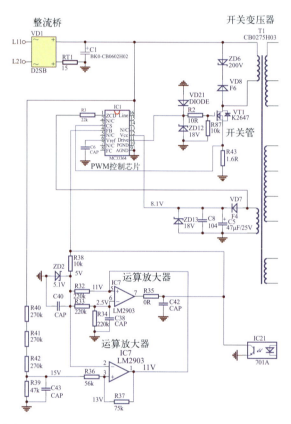

图 8-27　欠压保护电路

欠压保护电路工作原理如下：

① 300V 直流电压经过电阻 R40、R41、R42、R39 分压，再经过电阻 R36，接到运算放大器 IC7 第 3 脚（同相输入端），而第 2 脚（反相输入端）电压为稳压二极管 ZD2 的击穿电压 5.1V。由于 IC7 芯片同相输入端（第 3 脚）电压约为 16V，大于反相输入端（第 2 脚）电压 5.1V，因此第 1 脚（输出端）输出高电平（约 11V），并将此输出电压接入到同相输入端（第 5 脚）。

② 而第 6 脚（反相输入端）电压为稳压二极管 ZD2 的击穿电压 5.1V 经过电阻 R33 和 R34 分压后的电压，约为 2.5V 电压。由于 IC7 芯片同相输入端（第 5 脚）电压约为 11V，大于反相输入端（第 6 脚）电压 2.5V，因此第 7 脚（输出端）输出高电平信号，并输入到 PWM 控制芯片 IC1 的第 4 脚（电压反馈脚）。

③ 当 300V 直流电压较低时，运算放大器 IC7 第 7 脚（输出端）输出低电平信号，PWM 控制芯片 IC1 的第 4 脚检测到的电压反馈信号为低电平信号，会认为电压出现欠压故障，进而控制 PWM 控制芯片 IC1 内部振荡器停止工作，第 11 脚停止输出驱动信号。

8.2 开关电源电路故障检修流程图

当工控设备的开关电源电路有故障时可以参考开关电源电路故障检修流程对工控设备进行检测，检测时重点检测每个电路模块的关键测试点，通过测试点快速准确地找出故障的部件，并修复开关电源电路故障。

开关电源电路故障主要是由整流滤波电路故障、开关振荡电路故障、输出电路故障、稳压电路故障、保护电路故障等引起的。

一般会出现输出上电无显示、开机指示灯不亮、输出的直流电压过高等故障现象。具体开关电源电路故障检修流程图如图 8-28 所示。

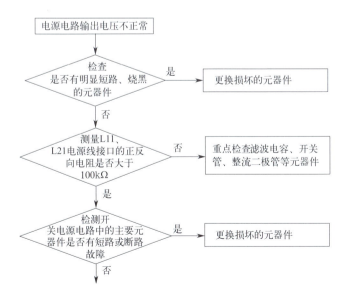

图 8-28

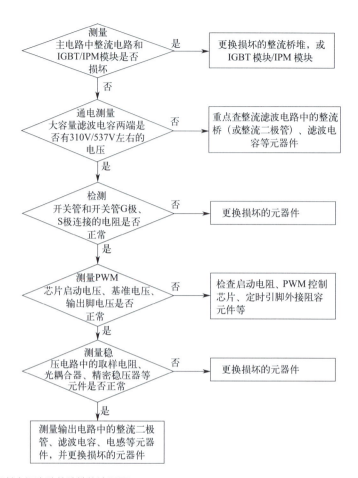

图 8-28　开关电源电路故障检修流程图

　　在检测工业电路板开关电源电路的故障时，可能会发现几个故障率较高的部件，如整流二极管、整流桥堆、滤波电容、取样电阻、开关管、开关变压器、PWM 控制芯片、光耦合器、精密稳压器等。在检测开关电源电路故障时，经常需要测量一些易坏部件的好坏，以排除好的元器件，找到故障元器件。下面介绍一些易坏元器件的检测方法。

8.3.1　图解开关电源电路易坏芯片元件

　　工业电路板开关电源电路易坏元器件主要有：整流二极管、整流桥堆、滤波电容、取样电阻与启动电阻、开关管、开关变压器、PWM 控制芯片、光耦合器、精密稳压器等，如图 8-29 所示。

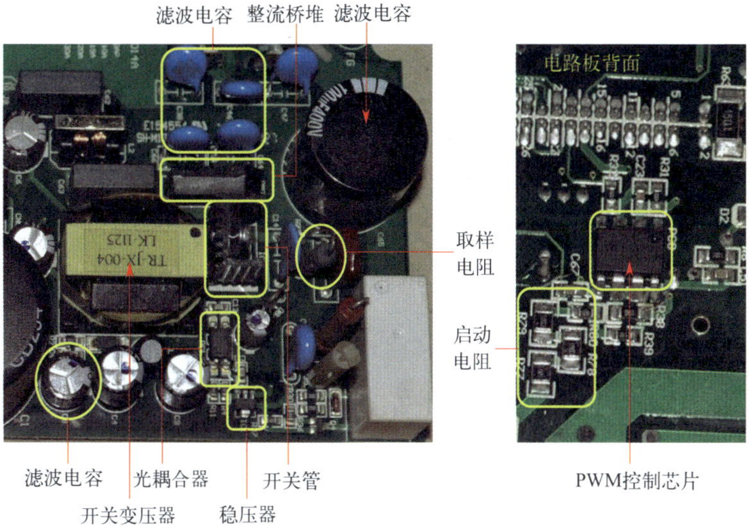

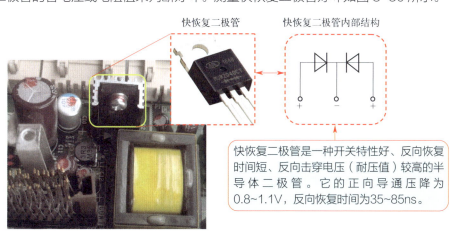

滤波电容　整流桥堆　滤波电容

电路板背面

取样
电阻

启动
电阻

滤波电容　光耦合器　开关管

开关变压器　稳压器

PWM控制芯片

图 8-29　开关电源电路易坏元器件

8.3.2　图解开关电源电路故障检测点

工业电路板开关电源电路的故障检测点主要包括以下几个。

（1）故障检测点 1：快恢复二极管和整流二极管

在开关电源电路的整流电路中，快恢复二极管和整流二极管都是易坏元器件（快恢复二极管中集成了两个整流二极管）。在检测整流二极管时，可以通过测量整流二极管的管电压或电阻值来判断好坏。测量快恢复二极管好坏如图 8-30 所示。

快恢复二极管

快恢复二极管内部结构

快恢复二极管是一种开关特性好、反向恢复时间短、反向击穿电压（耐压值）较高的半导体二极管。它的正向导通压降为0.8~1.1V，反向恢复时间为35~85ns。

图 8-30

151

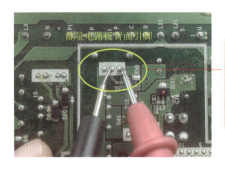

将数字万用表调到二极管挡，然后将红表笔分别接快恢复二极管的正极（即两边的两只引脚），黑表笔接负极（即中间的引脚）测量压降。若测量的值为0.1~0.3V，说明快恢复二极管正常；如果测量的值为0或无穷大，说明其损坏。

图 8-30　测量快恢复二极管好坏

（2）故障检测点 2：整流桥堆

在工业电路板的开关电源电路的整流电路中，一般会使用单相整流桥堆进行整流，整流桥堆是开关电源电路的关键检测元件。在检测整流桥堆时，可以通过测量整流桥堆引脚电压值或测量整流桥堆内部整流二极管压降来判断好坏。如图 8-31 所示。

整流桥堆，"+"表示第1脚

①将数字万用表调到二极管挡，将红表笔接整流桥堆的第4引脚，黑表笔分别接第2和第3引脚，测量两个压降值。
②将黑表笔接第1引脚，红表笔分别接第2和第3引脚，再次测量两个压降值。如果4次测量的压降值都在0.6V左右，说明整流桥堆正常，有一组值不正常，则整流桥堆损坏。

图 8-31　测量整流桥堆好坏

（3）故障检测点 3：滤波电容

工业电路板开关电源电路的整流滤波电路、输出电路中有很多滤波电容。滤波电容是比较容易损坏的元器件，通常会出现鼓包、漏液、短路、容量下降等损坏。当怀疑滤波电容有问题时，可以通过测量滤波电容的阻值来判断好坏，如图 8-32 所示。

整流
电路
中的
滤波
电容

①用数字万用表的蜂鸣挡（或指针万用表欧姆挡的R×1k挡）在路测量。
②对电容器进行放电（在两只引脚间串接一个阻值大的电阻器），然后将万用表的两支表笔接滤波电容器的两只引脚进行测量。
③如果测量的阻值为0，说明滤波电容被击穿损坏。
④如果阻值不断变化，最后变成无穷大，说明滤波电容基本正常。如果想准确测量电容器好坏，可以拆下电容器，测量其电容量来判断好坏。

图8-32　测量滤波电容好坏

（4）故障检测点4：取样电阻与启动电阻

工业电路板开关电源电路的启动电路、稳压电路、保护电路中有很多取样电阻、启动电阻和充电电阻。由于工作在高电压、大电流、高温的环境中，这些电阻比较容易出现阻值变小或变大、接触不良、烧断等损坏。当怀疑电阻器有问题时，可以通过测量电阻器的阻值来判断好坏。如图8-33所示。

将万用表调到欧姆挡（根据电阻标称阻值选择合适的欧姆挡位），用万用表两支表笔接取样电阻的两只引脚，测量其阻值。如果测量的阻值为0或无穷大，说明电阻损坏；如果测量的值与标称阻值一致，则电阻正常。

图8-33　测量电阻器的好坏

（5）故障检测点5：光耦合器

工业电路板开关电源电路的稳压控制电路、保护电路中的光耦合器，在出现故障之后会导致输出电压升高、不稳定等故障。当要判断光耦合器是否损坏时，可以通过测量其内部发光二极管和光敏三极管的正反向电压来确定，如图8-34

所示。

①将数字万用表调到二极管挡，然后将红表笔接第1脚（用圆圈做标志），黑表笔接2脚，测量管电压值，正常为0.6~1.2V。之后调换表笔再次测量，正常值为无穷大。
②两支表笔分别接第3、4脚测量，正常为0.6~2.4V。如果几次测量的值中有0，则光耦合器损坏。

图 8-34　测量光耦合器好坏

（6）故障检测点 6：开关管

工业电路板开关电源电路的开关振荡电路中的开关管，工作在高电压、大电流、高温的环境中，比较容易损坏。如果开关管损坏，开关电源电路就会没有输出。当怀疑开关管有问题时，可以通过测量开关管引脚间的阻值或管压降来判断好坏，如图 8-35 所示。

①开关管发生故障时，一般都是被击穿，因此可以通过测量引脚间阻值来判断好坏。将数字万用表调到蜂鸣挡，然后两支表笔分别测量三只引脚中的任意两只，如果测量的电阻值为0，蜂鸣挡发出报警声，则说明开关管有问题。

②也可以测量开关管源极（S）和漏极（D）之间的压降。将数字万用表调到二极管挡，然后红表笔接S极，黑表笔接漏极D，测量压降。正常值为0.6V左右。如果压降不正常，则开关管损坏。

漏极 D

基极 G

源极 S

漏极 D

图 8-35　检测开关管好坏

第 8 章　工业电路板开关电源电路故障维修实战

（7）故障检测点 7：PWM 控制芯片

工业电路板开关电源电路中的 PWM 控制芯片是开关振荡电路的关键元件，也是比较容易损坏的元器件。如果 PWM 控制芯片损坏，开关电源电路就会没有输出。当怀疑 PWM 控制芯片有问题时，可以通过测量 PWM 控制芯片相关引脚的电压来判断好坏，如图 8-36 所示（以 UC3842 为例）。

①首先判断PWM芯片是处在工作状态还是已经损坏。判断方法为（以UC3842芯片为例）：加电测量UC3842的第7脚（VCC工作电源）和第8脚（VREF基准电压输出）对地电压，若第8脚有+5V电压，第1、2、4、6脚也有不同的电压，则说明电路已起振，UC3842基本正常。

②若第7脚电压低（芯片启动后，第7脚电压由第8脚的恒流源提供），其余引脚无电压或不波动，则UC3842芯片可能损坏，也可能是由启动电路中的滤波电容损坏引起的。

③在断电的情况下，用万用表欧姆挡的20k挡测量UC3842芯片第6、7脚，第5、7脚，第1、7脚阻值（一般在10kΩ左右）。如果阻值很小（几十欧）或为0，则这几个引脚都对地击穿，更换UC3842芯片。如果芯片没有明显损坏故障，则重点测量滤波电容是否被击穿，或测量电容量是否下降。

图 8-36　测量 PWM 控制器好坏

（8）故障检测点 8：精密稳压器

工业电路板开关电源电路中的精密稳压器（TL431）属于稳压控制电路中的重要元器件，如果损坏通常会造成输出电压不正常。当怀疑精密稳压器有问题时，可以通过测量精密稳压器引脚间的阻值来判断好坏，如图 8-37 所示。

（9）故障检测点 9：开关变压器

开关变压器是开关电源电路中的重要元器件之一，其工作环境恶劣，因此也是易损元器件之一。如果开关变压器损坏，开关电源电路就会没有输出。当怀疑开关变压器有问题时，可以通过测量开关变压器绕组的阻值及检测变压器绝缘性来判断好坏，如图 8-38 所示。

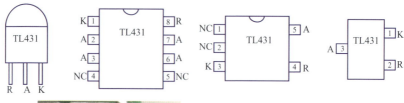

①将数字万用表调到欧姆挡的20k挡，将红表笔接精密稳压器的参考极R，黑表笔接阴极K，测得的阻值正常为无穷大；互换表笔，测得的阻值正常为11kΩ左右。

②将红表笔接精密稳压器的阳极A，黑表笔接阴极K，测得的阻值正常为无穷大；互换表笔，测得的阻值正常为8kΩ左右。

图 8-37　测量精密稳压器好坏

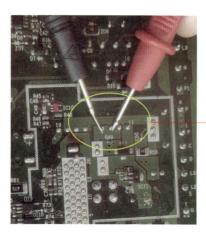

①通过检测变压器的绝缘性来判断变压器好坏。先将指针万用表的挡位调到欧姆挡R×10k挡。然后分别测量：铁芯与初级、初级与各次级、铁芯与各次级、静电屏蔽层与初次级、次级各绕组间的电阻值。如果万用表指针均指在无穷大位置不动，说明变压器正常。否则，说明变压器绝缘性能不良损坏。

②通过检测变压器内部绕组是否断路判断变压器好坏。检测时，将指针万用表调到欧姆挡R×1挡。然后测量各个绕组的阻值，如果测量某个绕组的电阻值为无穷大，则说明此绕组有断路故障。

图 8-38　检测开关变压器好坏

8.4 快速诊断开关电源电路常见故障

工业电路板中开关电源电路工作在高电压、大电流的环境下，特别容易损坏。而开关电源电路一旦出现故障，就会影响工控设备的正常工作。下面将重点讲解工业电路板开关电源电路故障现象、原因分析及故障维修方法。

8.4.1 开关电源电路常见故障总结

（1）开关电源电路常见故障现象

开关电源电路常见故障现象如下：
① 开机指示灯不亮。
② 开机显示屏无显示。
③ 无法开机启动。
④ 开机指示灯不亮，显示错误代码。
⑤ IGBT/IPM 模块工作电压不正常。

（2）造成开关电源电路故障的原因分析

造成开关电源电路故障的原因如下：
① 整流滤波电路中的整流二极管损坏。
② 整流滤波电路中的整流桥堆损坏。
③ 整流滤波电路中的滤波电容损坏。
④ 开关振荡电路中的启动电阻损坏。
⑤ 开关振荡电路中的开关管损坏。
⑥ 开关振荡电路中的 PWM 控制芯片损坏。
⑦ 开关振荡电路中的开关变压器损坏。
⑧ 开关振荡电路中的电阻损坏。
⑨ 输出电路中的整流二极管或快恢复二极管损坏。
⑩ 输出电路中的滤波电容损坏。
⑪ 输出电路中的滤波电感损坏。
⑫ 稳压电路中的取样电阻损坏。
⑬ 稳压电路中的精密稳压器损坏。
⑭ 稳压电路中的光耦合器损坏。
⑮ 保护电路中的二极管损坏。
⑯ 保护电路中的电阻损坏。
⑰ 保护电路中的电容损坏。

8.4.2 开关电源电路常见故障诊断维修

（1）快速诊断开关电源电路无输出故障

在检测工业电路板的开关电源电路时，可以先在断电情况下检测开关电源电路有无明显损坏的元器件，电路有无短路情况，然后再在加电的情况下检测各个关键点电压是否正常，以此来找出故障点。

检查方法如下：

① 在断电状态下检查开关电源电路板上的元器件外观，如图 8-39 所示。

重点检查电源电路板上是否有元器件破裂、烧坏、鼓包、烧黑等明显损坏情况。如果有，则应重点检查损坏的元器件，一般来讲这是出现故障的主要原因。

图 8-39 检查开关电源电路的外观

② 检查电源电路板是否存在短路的故障，如图 8-40 所示。

测量的阻值为111.6kΩ

将万用表调到欧姆挡400k挡，然后红黑表笔分别接电源电路板上L1、L2、L3（或R、S、T）中的两个端子，或L11、L21电源线接口端子，测量其正反向阻值。正常时其阻值为100kΩ以上，如果电阻值过低，说明电源电路板内部存在短路，应该重点检查大容量滤波电容、开关管、整流二极管或整流桥堆等元器件。

图 8-40 检测电源电路板是否存在短路

③ 由于很多工控设备的开关电源电路的供电电源取自主电路，因此还要检测一下主电路中的整流电路是否有短路情况，如图 8-41 所示。

④ 检测开关电源电路中的元器件是否有短路或断路故障，如图 8-42 所示。

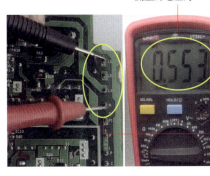

测量的电压为0.553V

将万用表调到二极管挡，然后红表笔接N端子，黑表笔分别接L1、L2、L3（或R、S、T）端子，测量管电压，正常为0.5V左右。之后将黑表笔接P端子，红表笔分别接L1、L2、L3（或R、S、T）端子测量，正常为0.5V左右。如果测量的管电压为0或无穷大，说明整流桥堆损坏或整流二极管损坏。

图8-41　测量整流电路

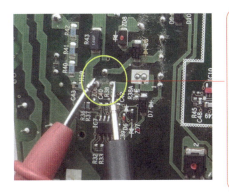

将万用表调到蜂鸣挡，检测开关电源电路中的滤波电容、开关管、输出电路中的整流二极管（或快恢复二极管）、稳压器、取样电阻等元器件是否有短路或断路故障。如果开关管被击穿损坏，除了更换开关管外，还要检测开关管S极连接的电流取样电阻有无开路，因为开关管损坏后，电流取样电阻会因受冲击而阻值变大或断路。另外，开关管的G极串联的电阻、PWM芯片往往受强电冲击容易损坏，必须同时进行检测，除此之外，还要检查负载回路有无短路现象。

图8-42　测量开关电源电路主要元器件

⑤ 准备加电检测。为防止加电后烧主电路中的整流桥堆、IGBT 模块或 IPM 模块，在加电检测前应先在断电情况下检测电源电路板中的整流桥堆、IGBT 模块或 IPM 模块，确认其没有短路故障，然后再加电进行检测。如图 8-43 所示。

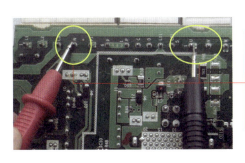

先将万用表调到二极管挡，然后红表笔接N端子，黑表笔分别接U、V、W端子测量，正常为0.45V左右；之后将黑表笔接P端子，红表笔分别接U、V、W端子测量，正常为0.45V左右。如果测量的值为0或无穷大，说明IGBT模块或IPM模块损坏。

图8-43　IPM 模块的检测方法

⑥ 在通电检测时，通电后要先观察电源电路板是否有元件冒烟等现象，若有，

要及时切断供电进行检修。然后测量高压滤波电容两端有无 310V 直流电压输出。如图 8-44 所示。

将万用表调到直流电压1000V挡，红黑两支表笔接高压滤波电容两只引脚，测量其电压。若无310V左右的电压，则重点检查整流滤波电路中的整流桥堆（或整流二极管）、滤波电容等元件。

图 8-44　测量高压滤波电容两脚的电压

⑦ 如果在断电情况下检测开关管没有损坏，其 G 极串联的电阻、S 极连接的电流取样电阻等均正常，则进一步检查开关电源电路中的振荡电路。在通电的情况下，检测 PWM 控制芯片（以 3844 为例）的第 7 脚启动电压是否正常。如图 8-45 所示。

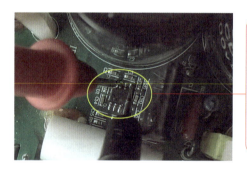

测量时将万用表调到直流电压20V挡，红表笔接PWM控制芯片（以3844为例）的第7脚，黑表笔接第5脚（接地脚）进行测量。正常应该为16V。如果启动电压不正常，接着检查启动电阻有无断路，启动电阻连接的滤波电容是否损坏（击穿或电容量下降）。一般滤波电容容量下降会导致PWM控制芯片启动电压下降。

图 8-45　测量 PWM 控制芯片启动电压

⑧ 如果 PWM 控制芯片第 7 脚启动电压正常，接着测量 PWM 控制芯片（以 3844 为例）第 8 脚的电压，正常应该有 5V 直流电压。如图 8-46 所示。

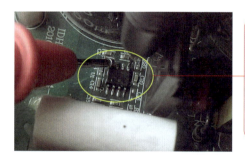

测量时将万用表调到直流电压20V挡，红表笔接PWM控制芯片（以3844为例）的第8脚，黑表笔接第5脚（接地脚）进行测量。正常应该为5V。如果第8脚电压正常，则说明PWM控制芯片开始工作了；如果第8脚电压为0，而第7脚电压正常，说明PWM控制芯片没有工作，可能损坏了。

图 8-46　测量第 8 脚的基准电压

⑨ 如果测量第 8 脚的电压正常（5V 电压），接着再测量第 6 脚输出电压，正常应该有几伏电压输出。如图 8-47 所示。

如果输出电压正常，说明振荡电路基本正常，故障可能在稳压电路；如果第6脚输出电压为0V，则先检查第8脚、第4脚外接的电阻和电容定时元件，及第6脚外围电路中的元器件。

图 8-47　测量 PWM 控制芯片输出电压

⑩ 如果测量第 8 脚、第 6 脚输出电压都为 0V，但第 7 脚电压正常，PWM 控制芯片外围定时元器件也正常，则 PWM 控制芯片（以 3844 为例）损坏，直接更换一个 PWM 控制芯片即可。

⑪ 如果 PWM 控制芯片正常，接着检查稳压电路。首先对 PWM 控制芯片（以 3844 为例）单独上电（即将 16V 可调电源的红黑接线柱分别接到第 7 脚和第 5 脚），然后短接稳压电路中光耦合器的输入侧（如 PC817 的输入侧为第 1 和 2 引脚）。如图 8-48 所示。

如果振荡电路起振，说明故障在光耦合器输入侧外围电路，重点检查外围电路中的精密稳压器、取样电阻等元器件；如果振荡电路仍不起振，则故障可能在稳压电路中的光耦合器的输出侧电路，重点检查光耦合器输出侧连接的电阻等元器件。

图 8-48　短接光耦合器输入侧引脚

（2）快速诊断开关电源电路输出的直流电压过高故障

工业电路板的开关电源电路输出电压过高或过低故障通常是由稳压电路故障引起的，一般稳压电路的取样电阻、光耦合器、精密稳压器等元器件损坏或性能下降，会使反馈电压幅度不足，造成输出电压过高或过低。检测时可以先检测取样电阻、稳压器等元器件是否断路或短路损坏。

开关电源电路输出的直流电压过高故障维修方法如下：

① 首先在稳压电路中的光耦合器的输出端（第 3、4 脚）并联一只 10kΩ 电阻，然后开机测试开关电源电路的输出电压大小。如图 8-49 所示。

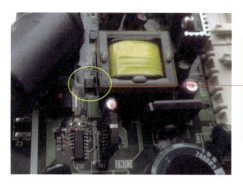

如果输出电压回落，说明光耦合器输出侧稳压电路正常（即光耦合器第 3、4 脚到 PWM 控制芯片之间的元器件正常），故障应该是光耦合器损坏或输入侧（第 1、2 脚）电路中的取样电阻损坏。

图 8-49　判断稳压电路故障点

② 在光耦合器第 1 脚连接的电阻上并联 500Ω 电阻，然后测量工业电路板的输出电压。如图 8-50 所示。

如果输出电压有显著回落，说明光耦合器是正常的，故障为精密稳压器性能不良或精密稳压器外接电阻损坏（阻值变大或断路）；如果在电阻上并联 500Ω 电阻后，输出电压没有回落，那说明光耦合器损坏，更换同型号的光耦合器即可。

图 8-50　检测稳压电路

8.5 技能实战

8.5.1　开关电源电路跑线实战

根据开关电源电路的原理图（参考图 8-51），实际测量电路板中开关电源电路中各元器件的走线。

具体跑线测量步骤如下：

第 1 步：将数字万用表调到蜂鸣挡，测量电源输入插座 L11 引脚、L21 引脚进入单相整流桥堆 VD1 的第 2、3 引脚（交流电输入引脚）线路，如图 8-52 所示。

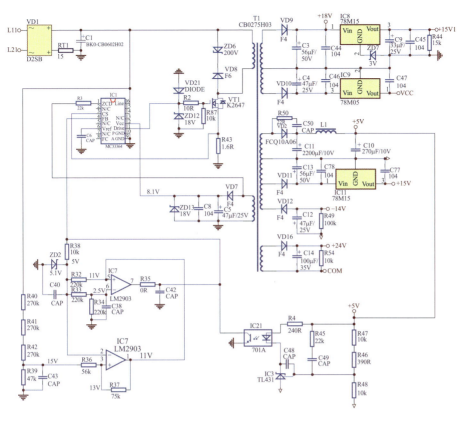

图 8-51　开关电源电路的原理图

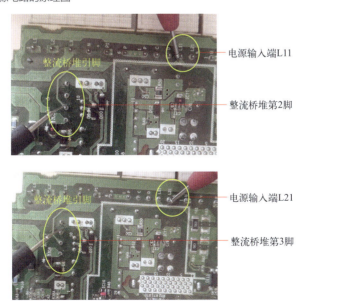

图 8-52　测量交流输入端到整流桥堆的线路

第2步：测量单相整流桥堆 VD1 第 1 脚（正极）到滤波电容正极引脚的线路、单相整流桥堆 VD1 第 4 脚（负极）到滤波电容负极引脚的线路，如图 8-53 所示。

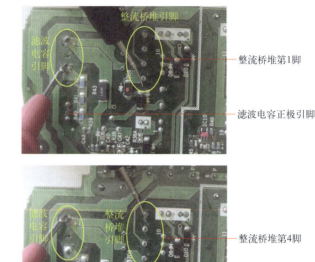

整流桥堆引脚

滤波电容引脚

整流桥堆第1脚

滤波电容正极引脚

滤波电容引脚

整流桥堆引脚

整流桥堆第4脚

滤波电容负极引脚

图 8-53　测量整流桥堆到滤波电容的线路

第3步：测量滤波电容正极到 PWM 控制芯片 IC1 第 16 脚的线路，如图 8-54 所示。

滤波电容引脚

PWM控制芯片第16脚

滤波电容正极引脚

图 8-54　测量滤波电容到 PWM 控制芯片的线路

第4步：测量滤波电容正极到开关变压器 T1 的线路，如图 8-55 所示。

第5步：测量开关变压器 T1 到开关管 VT1 的线路，如图 8-56 所示。

第6步：测量 PWM 控制芯片第 11 脚到电阻 R2，电阻 R2 到开关管 VT1 栅极的线路，如图 8-57 所示。

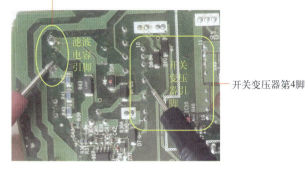

滤波电容正极引脚

滤波电容引脚

开关变压器引脚

开关变压器第4脚

图 8-55　测量滤波电容到开关变压器的线路

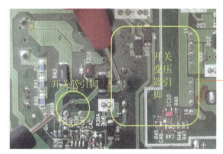

开关管引脚

开关变压器引脚

开关变压器第3脚

图 8-56　测量开关变压器到开关管的线路

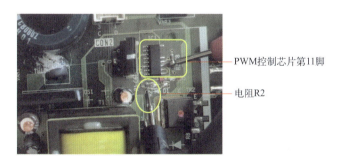

PWM控制芯片第11脚

电阻R2

开关管栅极

电阻R2

图 8-57　测量 PWM 控制芯片到开关管栅极的线路

第 7 步：测量 PWM 控制芯片第 3 脚到开关管 VT1 源极的线路，如图 8-58 所示。

PWM控制芯片第3脚

开关管源极

图 8-58　测量 PWM 控制芯片到开关管源极的线路

第 8 步：测量开关变压器 T1 到整流二极管 VD2 的线路，如图 8-59 所示。

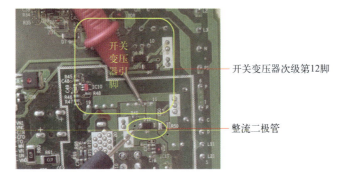

开关变压器引脚

开关变压器次级第12脚

整流二极管

图 8-59　测量开关变压器 T1 到整流二极管的线路

第 9 步：测量整流二极管 VD2 到电感器 L1 的线路，如图 8-60 所示。

电感L1

整流二极管

图 8-60　测量整流二极管 VD2 到电感器 L1 的线路

第 10 步：测量电感器 L1 到滤波电容 C10 的线路，如图 8-61 所示。

实战工业电路板芯片级维修
〔全彩视频版〕▶

电感L1

滤波电容引脚

图 8-61　测量电感器到滤波电容的线路

8.5.2　开关电源电路故障维修实战案例

　　客户送来一台变频器，并反映这台变频器通电无显示。通常变频器无显示故障可能是由开关电源电路故障引起的，但也可能是由主电路故障引起的，需要逐步排查故障。

　　变频器开机无显示故障维修方法如下。

　　第 1 步：对于这种故障，要在通电检测前，先用万用表检测一下变频器的整流电路和 IGBT 模块是否有问题，防止通电后造成变频器电路二次损坏。首先拆开变频器的外壳，准备做进一步检测，如图 8-62 所示。

拆开变频器的外壳

图 8-62　拆开变频器外壳

　　第 2 步：检测变频器中的整流电路和 IGBT 模块是否有短路故障，如图 8-63 所示。

　　第 3 步：检测开关管是否正常，如图 8-64 所示。

　　第 4 步：给电源电路板通电，然后测量直流母线电压，如图 8-65 所示。

　　第 5 步：断开供电，并给滤波电容放电，准备进一步检查，如图 8-66 所示。

　　第 6 步：准备检测开关电源电路板，先将电源电路板从散热片上拆下来，然后给电源电路板通电，测量 PWM 控制芯片的供电电压是否正常，如图 8-67 所示。

①将数字万用表调到二极管挡，将红表笔接直流母线的负极，即N端子（或−端子），黑表笔分别接R、S、T三个端子，测量三次，测量的值都为0.498V。接着再将黑表笔接直流母线的正极，即P端子（或+端子），红表笔分别接R、S、T三个端子，测量三次，测量的值也都是0.498V，说明整流电路中的整流二极管都正常。

②接下来将红表笔接直流母线的负极，即N端子（或−端子），黑表笔分别接L1、L2、L3（或U、V、W）三个端子，测量三次，测量的值都为0.46V，说明逆变电路中下桥臂的三个变频元器件都正常。然后将黑表笔接直流母线的正极，即P端子（或+端子），红表笔分别接L1、L2、L3（或U、V、W）三个端子，测量三次，测量的值也都是0.46V，说明逆变电路上桥臂变频元器件都正常。

图 8-63　检测变频器中的整流二极管（或整流桥堆）和 IGBT 模块

用万用表的蜂鸣挡，测量开关管的任意两个引脚间的阻值，未发现开关管有短路情况（阻值为0的情况）。

图 8-64　检测开关管好坏

将万用表调到直流电压750V挡，红黑表笔分别接P（＋）端子和N（－）端子，测量的电压值为508.4V，电压正常。

图 8-65　测量直流母线电压

可以用灯泡或大阻值电阻连接P（+）端子和N（－）端子来放电。

图8-66　给滤波电容放电

将万用表调到直流电压20V挡，然后用两支表笔测量PWM控制芯片的供电电路的电压。发现供电电压从12V到15V不断地跳变，说明供电电压不正常。

图8-67　测量PWM控制芯片的供电电压

第7步：测量PWM控制芯片第8脚的5V基准电压（此芯片为2844）是否正常。测量的电压值也是不断跳变。如图8-68所示。

将万用表红表笔接PWM控制芯片第8脚，黑表笔接地，测量电压。

图8-68　测量PWM控制芯片第8脚基准电压

第8步：怀疑PWM控制芯片供电电路有损坏的元器件，接着排查PWM控制芯片供电电路中的所有元器件，发现有一个二极管损坏。如图8-69所示。

169

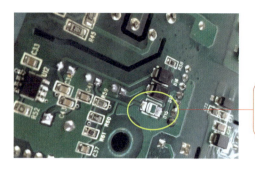

用万用表蜂鸣挡检测PWM控制芯片供电电路中的元器件，发现有一个二极管短路损坏。

图 8-69　检测 PWM 控制芯片供电电路

第 9 步：再检查开关电源电路里的其他元器件，发现有几个滤波电容老化，容量下降。更换掉性能不良的滤波电容及损坏的二极管，如图 8-70 所示。

对于输出电路中的滤波电容，可以拆下来然后用数字电桥测量其容量和 D 值，来判断其性能是否下降。

图 8-70　更换损坏的元器件

第 10 步：通电测试，如图 8-71 所示。

将显示面板连接到电源电路板，然后通电测试，发现显示面板有显示了。说明问题解决了，然后进行进一步测试。

图 8-71　通电测试

第 11 步：准备安装变频器电路板，如图 8-72 所示。

第 12 步：先通电测试，再在变频器上连接电动机进一步测试，电动机运转正常，且变动频率，依然运转正常，变频器故障排除。如图 8-73 所示。

先在IGBT模块上涂抹一层散热硅脂，然后将电源电路板固定到散热片上，并安装好变频器的外壳。

图 8-72　安装 IGBT 模块及外壳

将变频器接好380V电源，然后通电试机，显示面板显示正常。

图 8-73　通电试机

第 9 章

工业电路板驱动
电路故障维修实战

工业电路板中的驱动电路主要用来驱动逆变电路中的变频管，如果
驱动电路出现故障将导致主电路无法正常输出工作电压，本章将重点讲解
驱动电路的结构原理及故障维修方法。

9.1　驱动电路运行原理

驱动电路用来驱动控制逆变电路中的 IGBT 变频管，因此驱动电路的电路板上
通常会有 IGBT 模块。而由于 IPM 模块中已经集成了驱动电路，因此采用 IPM 模
块的工业电路板中就看不到专门的驱动电路了。

另外，驱动电路的供电主要取自开关电源电路，因此驱动电路通常和开关电源
电路设计在一张电路板中。本节将重点分析驱动电路的组成和工作原理。

9.1.1　图解驱动电路的组成

工控设备驱动电路主要是将处理器送来的控制变频管的六路脉冲控制信号进行
放大，转换为能驱动 IGBT 变频管的电流与电压信号。

驱动电路主要由处理器（CPU）、驱动芯片等组成，如图 9-1 所示为驱动电
路组成框图及电路板图。

9.1.2　驱动电路运行原理

驱动电路输出的驱动信号，驱动 6 个 IGBT 变频管，使它按顺序处于导通
和截止状态，实现将直流电压逆变为一定频率的交流电压。一般驱动电路需要
的工作电压主要有 +14V、+15V、+18V、+27V、+29V、−7.5V、−10V 等，
其中 +15 ~ +18V 比较常见，这些电压通常由开关电源电路提供。由于驱动芯
片是驱动电路的核心，接下来将详细讲解驱动芯片的内部结构及驱动电路的工
作原理。

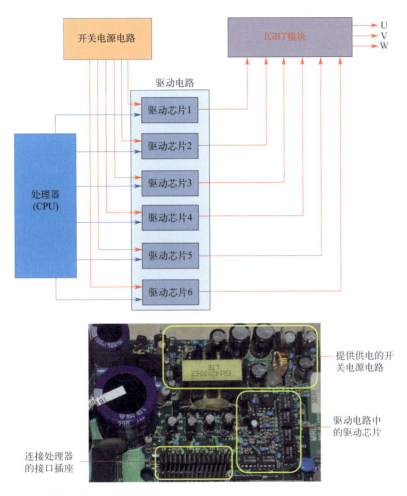

图 9-1　驱动电路的组成框图及电路板图

（1）驱动芯片内部结构及原理

驱动电路中的驱动芯片实质上是光耦器件的一种，它可以实现对输入、输出侧不同供电回路的隔离，还可以输出功率驱动信号，驱动 IGBT 变频管。工业电路板中常见的驱动 IC 型号有 TLP250、HCPL3120、HCPL3150、PC923、PC929、HCPL316J 等。其中，小功率工控设备常采用 TLP250、HCPL3120（A3120）、HCPL3150（A3150）等驱动芯片，这些芯片不含 IGBT 保护电路。而 PC923、PC929 的组合驱动芯片应用比较广泛，PC929 驱动芯片内含 IGBT 检测保护电路，一般上三臂 IGBT 采用 PC923 驱动芯片，而下三臂 IGBT 则采用 PC929 驱动芯片。HCPL316J 驱动芯片是智能化程度比较高的专用驱动芯片。

接下来以 PC929 为例来介绍驱动芯片的内部结构，如图 9-2 和表 9-1 所示为 PC929 驱动芯片内部结构图和引脚功能。

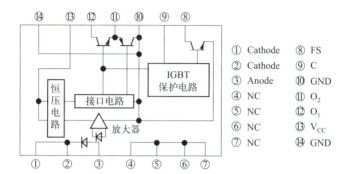

① Cathode   ⑧ FS
② Cathode   ⑨ C
③ Anode   ⑩ GND
④ NC   ⑪ O_2
⑤ NC   ⑫ O_1
⑥ NC   ⑬ V_{CC}
⑦ NC   ⑭ GND

图 9-2　PC929 驱动芯片内部结构

表 9-1　PC929 驱动芯片引脚功能

引脚号	引脚名称	功能
1	Cathode	内部发光二极管阴极，接收由 CPU 送来的控制信号，控制发光二极管发光的强弱，从而控制传送信号强弱放大倍数
2	Cathode	内部发光二极管阴极，同上
3	Anode	内部发光二极管阳极，连接 +5V 输入电压
4	NC	空脚
5	NC	空脚
6	NC	空脚
7	NC	空脚
8	FS	芯片内保护控制管的集电极，为 OC 信号（过压、过流、短路）信号输出脚，连接 CPU 过压过流检测电路
9	C	芯片内保护电路的控制连接端，第 9、10 脚经外电路并联于 IGBT 的 C、E 极上。IGBT 在额定电流下的正常管压降仅为 3V 左右
10	GND	接地脚
11	O_2	驱动信号输出端，为芯片内两个驱动放大管放大后的脉冲信号输出端
12	O_1	供电脚，一般应用中将第 13、12 脚短接
13	V_{CC}	供电脚，供电电压为开关电源电路的 +14 ~ +18V 电压
14	GND	接地脚

如图 9-3 所示为 PC929 驱动芯片电路原理图。

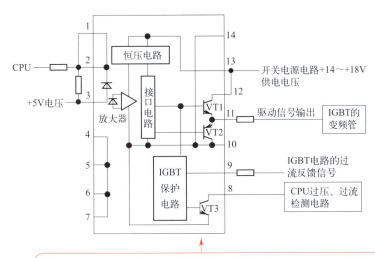

图中，+14～+18V开关电源电路输出的供电电压经驱动芯片第13与第12脚送入芯片，经内部恒压电路稳压后给内部放大器供电。芯片的第2脚用来接收处理器（CPU）送来的控制信号，芯片第9脚为过流反馈输入脚，将过流的电流反馈送入芯片内的保护电路。第8脚为OC信号（过压、过流、短路信号）的输出脚，连接CPU的过压、过流检测电路，由CPU监控驱动芯片的工作。

图 9-3 PC929 驱动芯片电路原理图

PC929 驱动芯片电路工作原理如下：由处理器（CPU）送来的控制脉冲信号由第 2 脚送入驱动芯片，当控制脉冲信号第 2 脚电位低于第 3 脚电位时，芯片内发光器导通，发射光信号到光耦合器上，光电接收器工作，由运算放大器放大后经接口电路控制两个驱动管（VT1 和 VT2）交替工作，从第 11 脚输出放大的驱动信号，用来驱动逆变电路中的 IGBT 变频管。

（2）驱动电路工作原理

下面以 PC929 和 A3150 两个驱动芯片组成的驱动电路为例讲解驱动电路的工作原理，如图 9-4 所示为驱动电路原理图及实物电路。

PC929 和 A3150 驱动芯片组成的驱动电路的工作原理如下：

① 当开关电源电路开始工作后，其输出的 VU+（+18V 左右）直流电压给 A3150（IC1）驱动芯片的第 8 脚供电，VU−（−18V 左右）直流电压给 A3150（IC1）的第 5 脚供电。开关电源电路另一路 V+（+18V 左右）直流电压给 PC929（IC2）驱动芯片的第 13 脚与第 12 脚供电。

② 同时，由开关电源电路输出的 +5V 直流电压经过恒流电路处理为 VCC 后，

175

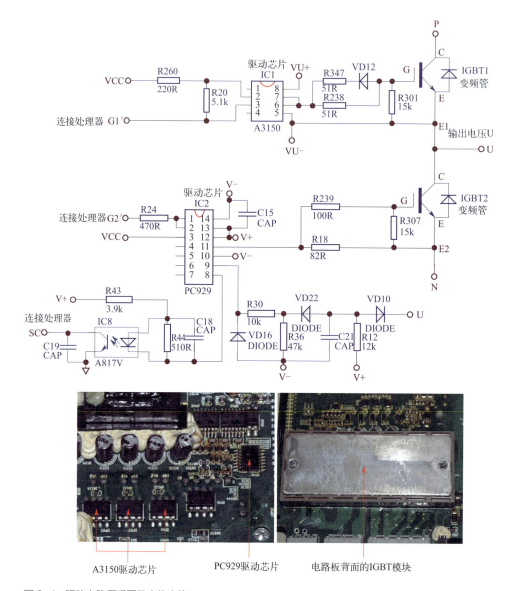

A3150驱动芯片   PC929驱动芯片   电路板背面的IGBT模块

图 9-4 驱动电路原理图及实物电路

给 A3150（IC1）驱动芯片的第 2 脚与 PC929（IC2）驱动芯片的第 3 脚供电，作为内部发光二极管的待机电压。

③ 从主板处理器（CPU）来的控制脉冲信号，分别送入驱动芯片 A3150（IC1）的第 3 脚与驱动芯片 PC929（IC2）的第 2 脚。其中，G1′控制信号加到 A3150（IC1）芯片的第 3 脚，G2′控制信号经电阻 R24 加到 PC929（IC2）的第 2 脚。

④ 当驱动芯片 A3150 和 PC929 获得工作电压和处理器（CPU）输送的控制

脉冲信号后，驱动芯片 A3150 的第 6 脚就会输出驱动信号。此信号经电阻 R238 后加到 IGBT1 的 G 极。当驱动信号为高电平时，驱动 IGBT1 导通；当驱动信号为低电平时，IGBT1 的 G 极电压被拉低，由于 VU− 为负压，因此 IGBT1 变频管被迅速截止，这样使变频管 IGBT1 不断工作在导通与截止状态。电路中电阻 R301 的作用是防止 IGBT1 自激损坏，电阻 R347 和二极管 VD12 用来加快 IGBT1 截止。

⑤ 同样，驱动芯片 PC929（IC2）工作时，从驱动芯片 PC929 的第 11 脚输出驱动信号，经电阻 R239 后加到 IGBT2 的 G 极。当驱动信号为高电平时，驱动 IGBT2 导通；当驱动信号为低电平时，IGBT2 变频管被迅速截止。这样使变频管 IGBT2 也不断工作在导通与截止状态。电路中电阻 R307 作用是防止 IGBT2 自激损坏。当 IGBT1 和 IGBT2 轮流导通截止时，就会输出电压 U。

（3）驱动芯片中的保护电路工作原理

驱动芯片 PC929 内部包含 IGBT 保护电路，如图 9-5 所示为驱动芯片保护电路。

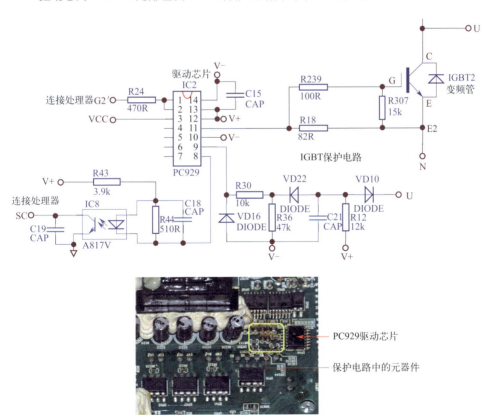

图 9-5　驱动芯片保护电路工作原理

177

驱动芯片 PC929 保护电路工作原理如下：

① 图中驱动芯片保护电路由驱动芯片 PC929 的第 9 脚内部电路、电阻 R30、R36、R12，二极管 VD22、VD10、VD16 等元器件组成。

② 二极管 VD10 的负极连接到 IGBT2 的 C 极，驱动芯片 PC929 在发送激励脉冲的同时，内部模块检测电路与外电路配合，检测 IGBT2 的管压降。在 IGBT2 正常导通期间，忽略 IGBT2 的导通压降，U 点电压与 N 点电压应是等电位的，N 点与该路驱动电源的零电位点为同一条线。

③ 在驱动芯片正常工作时，二极管 VD10 正向导通，驱动芯片 PC929 的第 9 脚无故障信号输入，第 8 脚（IGBT 模块 OC 信号输出脚）为高电平状态。当伺服驱动器的负载电路异常或 IGBT2 故障时（严重过电流或开路性损坏），会使 IGBT2 的管压降超过 7V 或更大，U、N 之间的高电压差会使二极管 VD10 反偏截止。此时 V+ 电压经电阻 R12、二极管 VD22、电阻 R30 输入到驱动芯片 PC929 的第 9 脚，使第 9 脚连接的驱动芯片 PC929 内部 IGBT 保护电路开始工作，对 IGBT2 进行强行软关断。

④ 同时控制驱动芯片 PC929 第 8 脚连接的内部三极管导通，V+ 电压经过电阻 R43 流过光耦合器 IC8 内部发光二极管，使光耦合器 IC8 内部的光敏三极管导通，接着处理器（CPU）的 SC 引脚电压被拉低，当处理器（CPU）检测到 SC 引脚的低电平信号（此信号为 OC 故障信号）后，处理器（CPU）会停止向驱动芯片发送控制信号，使驱动电路停止工作，起到保护的作用。IGBT 模块管压降检测电路中的二极管 VD16 和电容 C21 组成了消噪电路，用来避免负噪声干扰引起误保护动作。

9.2 驱动电路故障检修流程图

当工业电路板中的驱动电路有故障时，可以参考驱动电路故障检修流程对工业电路板进行检测，检测时重点检测每个电路模块的关键测试点，通过测试点快速准确地找出故障的部件，并修复驱动电路故障。

驱动电路故障主要是由驱动芯片供电电压异常、驱动芯片损坏或性能不良、二极管击穿短路、电阻断路、电容器被击穿短路或电容器容量下降等故障引起的。通常会出现工控设备无输出（输出电压为 0）、工控设备输出的三相电压不平衡、工控设备上电后报过电流故障代码、工控设备上电启动报 GF（接地故障）故障代码或 OC 故障代码、工控设备上电后出现死机等故障现象。驱动电路故障检修具体流程如图 9-6 所示。

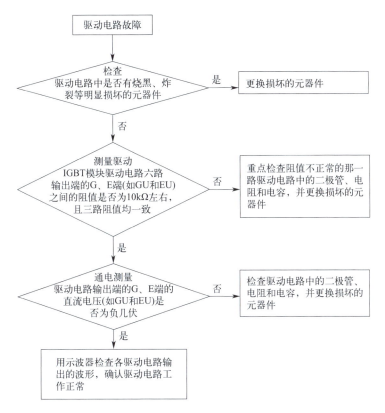

图 9-6　驱动电路故障检修流程图

驱动电路故障检测点

在检测工业电路板驱动电路的故障时，可能会发现几个故障率较高的部件，如二极管、电阻、电容等。在检测驱动电路故障时，经常需要测量一些易坏部件的好坏，以排除好的元器件，找到故障元器件。下面介绍一些易坏元器件的检测方法。

9.3.1　图解驱动电路易坏芯片元件

工业电路板驱动电路易坏元器件主要有：二极管、电阻器、滤波电容、驱动芯片等，如图 9-7 所示。

9.3.2　图解驱动电路故障检测点

工业电路板驱动电路的故障检测点主要包括以下几个。

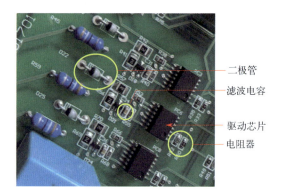

图9-7　驱动电路易坏元器件

（1）故障检测点1：二极管

在检测驱动电路中的二极管时，可以通过测量二极管的管电压或电阻值来判断好坏。如图9-8所示。

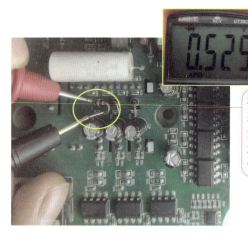

将数字万用表调到二极管挡，然后将红表笔接二极管的正极，黑表笔接负极测量压降，测量值为0.525V（0.6V左右均正常）；如果测量的值为0或无穷大，说明二极管损坏。

图9-8　测量二极管好坏

（2）故障检测点2：电阻器

工业电路板驱动电路的电阻器，比较容易出现阻值变小或变大、接触不良、烧断等损坏。当怀疑电阻器有问题时，可以通过测量电阻器的阻值来判断好坏。如图9-9所示。

（3）故障检测点3：滤波电容

工业电路板驱动电路中有很多滤波电容，当怀疑滤波电容有问题时，可以通过测量滤波电容的阻值来判断好坏。如图9-10所示。

将万用表调到欧姆挡（根据电阻标称阻值选择合适的欧姆挡位），用万用表两支表笔接驱动电路中的电阻器的两只引脚，测量其阻值。如果测量的阻值为0或无穷大，说明电阻损坏；如果测量的值与标称阻值一致，则电阻正常。

图 9-9　测量电阻器好坏

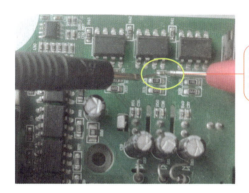

将数字万用表调到蜂鸣挡，用万用表两支表笔接驱动电路中的电容器的两只引脚。如果测量的阻值为0，说明电容器损坏。

图 9-10　测量滤波电容好坏

9.4　快速诊断驱动电路常见故障

　　工业电路板中的驱动电路的故障率较高，甚至占工控设备故障的 70%。驱动电路故障常见的处理方法一般是按照原理图，对每组驱动电路逐级逆向检查、测量、替代、比较来寻找故障点。下面将重点讲解工业电路板驱动电路故障现象、原因分析及故障维修方法。

9.4.1　驱动电路常见故障总结

（1）驱动电路常见故障现象

当工业电路板中驱动电路出现故障后，会出现如下故障现象：
① 工控设备 U、V、W 三端无输出（输出电压为 0）。
② 工控设备 U、V、W 三端输出的三相电压不平衡。
③ 工控设备（如变频器）上电后，接收启动信号后显示 OC（过电流）或 SC（短

路）故障代码。

④ 工控设备（如变频器）上电后，接收启动信号后显示 GF（接地故障）故障代码。

⑤ 工控设备（如变频器）上电后，未接收启动信号，变频器在系统自检结束后，报出 OC 故障代码。

⑥ 工控设备上电后，出现死机故障。

⑦ 工控设备上电后，输出端子无电压输出，但没有报错误代码。

⑧ 工控设备（如变频器）上电后，自检正常，空载运行也正常，但加负载运行时，出现电动机振动、输出电压不稳定、频跳 OC 故障。

（2）造成驱动电路故障的原因分析

造成驱动电路故障的原因如下：

① 驱动电路中的驱动芯片供电电压异常。

② 驱动芯片损坏或性能不良。

③ 驱动电路中的二极管击穿短路损坏。

④ 驱动电路中的电阻断路损坏。

⑤ 驱动电路中的电容器击穿短路损坏。

⑥ 驱动电路中的电容器容量下降损坏。

9.4.2　驱动电路常见故障诊断维修

在检修驱动电路时，先拆下 IGBT 模块，然后用万用表测量驱动电路中的驱动上桥臂三只变频管的三路驱动信号 G 和 E 端（即 GU 与 EU 引脚孔、GV 与 EV 引脚孔、GW 与 EW 引脚孔）之间的阻值或负电压是否相同，驱动下桥臂三只变频管的三路驱动信号的 G 和 N 端（即 GX 与 N 引脚孔、GY 与 N 引脚孔、GZ 与 N 引脚孔）之间的阻值或负电压是否相同，以此来判断驱动电路是否有问题。（**注意：也有阻值不相同的设备，如三菱、富士等变频器的驱动电路六路分支驱动电路阻值不相同。**）

具体测量方法如下：

① 检测为上桥臂三只变频管提供驱动信号的驱动电路中有无损坏的元器件，如图 9-11 所示。

② 检测为下桥臂三只变频管提供驱动信号的驱动电路中有无损坏的元器件，如图 9-12 所示。

③ 如果阻值都基本相同，则给电源电路板通电检测，进一步测量驱动电路中的驱动变频管的驱动信号 G、E 端（GU 与 EU 引脚孔、GV 与 EV 引脚孔、GW 与 EW 引脚孔）之间的三组电压值。如图 9-13 所示。

④ 将万用表的红表笔分别接在电路板上 IGBT 模块安装孔的 GX、GY、GZ 引脚孔（为下桥臂三只变频管提供驱动信号的 GX 引脚孔、GY 引脚孔、GZ 引脚孔）上，黑表笔都接在 N 引脚孔上，测量三组电压值。如图 9-14 所示。

将指针万用表调到欧姆挡（R×1k挡）或数字万用表200k挡，将万用表的红表笔分别接在电路板上IGBT模块安装孔的GU、GV、GW引脚孔（为上桥臂三只变频管提供驱动信号的GU引脚孔、GV引脚孔、GW引脚孔）上，黑表笔分别接在EU、EV、EW引脚孔上，测量三组阻值。正常情况下，三组阻值基本相同（大概为几千欧）。如果哪路驱动电路的阻值异常，就说明此路驱动电路中有损坏的元器件，重点检查驱动电路中的稳压二极管、电阻、电容等元器件。

图 9-11　测量驱动电路的 G、E 端之间的阻值

将万用表的红表笔分别接在电路板上IGBT模块安装孔的GX、GY、GZ引脚孔（为下桥臂三只变频管提供驱动信号的GX引脚孔、GY引脚孔、GZ引脚孔）上，黑表笔都接在N引脚孔上，测量三组阻值。正常情况下，三组阻值基本相同（大概为几千欧）。如果哪路驱动电路的阻值异常，就说明此路驱动电路中有损坏的元器件，重点检查驱动电路中的稳压二极管、电阻、电容等元器件。

图 9-12　测量驱动电路的 G、N 端之间的阻值

先将万用表调到直流电压20V挡，然后将红表笔分别接在电路板上IGBT模块安装孔的GU、GV、GW引脚孔（为上桥臂三只变频管提供驱动信号的GU引脚孔、GV引脚孔、GW引脚孔）上，黑表笔对应分别接在EU、EV、EW引脚孔上，测量三组电压值。正常情况下，三组电压值为负几伏电压，且电压基本相同。如果哪路驱动电路的电压值异常，就说明此路驱动电路中有损坏的元器件，重点检查驱动电路中的稳压二极管、电阻、电容等元器件。

图 9-13　测量驱动电路的 G、E 端之间的电压值

⑤ 对于驱动电路中有些元器件性能下降而导致的问题，需要通过测量驱动电路的输出波形才能判断其好坏。先给电源电路板接 530V 直流电压，然后在通电不开机的情况下，通过测量各路驱动电路 G、E 端之间的波形来进一步判断驱动电路是否正常。之后在开机的情况下，测量各路驱动电路的波形来判断驱动电路是否正

常。测量方法如图9-15所示。

正常情况下,三组电压值为几伏电压,且电压基本相同。如果哪路驱动电路的电压值异常,就说明此路驱动电路中有损坏的元器件,重点检查驱动电路中的稳压二极管、电阻、电容等元器件,及驱动芯片的总供电是否正常。如果驱动芯片的总供电电压为0,则开关电源电路有故障;如果驱动芯片的供电电压很低,先断开芯片供电段,测开关电源的空载电压,如果空载电压正常,则可能是驱动芯片内电阻值变小,拉低了芯片总供电电压。

图 9-14   测量驱动电路的 G、N 端之间的电压值

②如果测量的波形为一根线,或非矩形波,或波形与其他路驱动电路波形不一致,则说明此路驱动电路中的元器件有损坏的或性能不良的。

①将示波器的正表笔分别接在电路板上IGBT模块安装孔的GU、GV、GW引脚上,负表笔对应分别接在EU、EV、EW引脚孔上,测量其波形。正常情况下,测量出的波形为矩形波。

图 9-15   通过波形来判断驱动电路好坏的方法

提示   在维修完驱动电路后,将 IGBT 模块连接到驱动电路上前,最好先串联一个灯泡或一个功率大一点的电阻测试一下电路好坏,在确保完全正常的情况下,再将 IGBT 模块接入,否则有可能会由于没有完全修复故障导致 IGBT 烧坏。

提示   由于工控设备中独立电流检测电路的供电电路会经过IGBT模块内部电路,当拆除 IGBT 模块后,电流检测电路会缺少供电,从而导致拆除 IGBT 模块并给电源电路板供电时,会出现过电流报警提示,而无法在通电的情况下查找电路故障。对于这种情况,可以在拆除 IGBT 模块后,用导线将 IGBT 模块引脚中的 GU 引脚与 U 引脚相连,GV 引脚与 V 引脚相连,GW 引脚与 W 引脚相连来消除错误报警(如果是两相供电,就短接两相)。连接方法如图9-16所示。

拆除IGBT模块后，短接GU引脚与U引脚、GV引脚与V引脚、GW引脚与W引脚中的两个。

对于采用A316J驱动芯片的电路，由于芯片内置电流检测电路，只需要将A316J芯片的第14脚和第16脚短接，就可以屏蔽报过电流的错误提示。

图 9-16　屏蔽过电流报警的方法

提示　　对于有温度检测电路的电源电路板，需要在温控插座上连接一个 10kΩ 左右的电阻来模拟热敏电阻，这样就可以屏蔽温度保护错误提示。

9.5 ▶ 技能实战

9.5.1　驱动电路跑线实战

根据驱动电路的原理图（参考图 9-17），实际测量电路板中驱动电路中各元器件的走线。

具体跑线测量步骤如下：

第 1 步：将数字万用表调到蜂鸣挡，测量处理器（CPU）插座到电阻 R41，电阻 R41 到驱动芯片 IC3 第 3 脚的线路，如图 9-18 所示。

第 2 步：测量驱动芯片 IC3 第 6 脚到电阻 R29，电阻 R29 到 IGBT 模块 G1 脚的线路，如图 9-19 所示。

第 3 步：测量驱动芯片 IC3 第 5 脚到电阻 R28，电阻 R28 到驱动芯片 IC3 第 8 脚的线路，如图 9-20 所示。

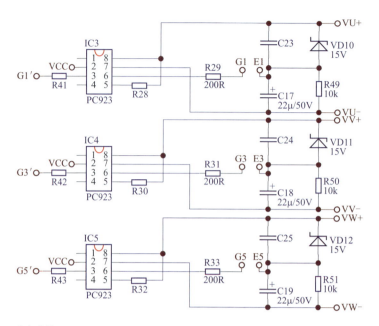

图 9-17　驱动电路的原理图

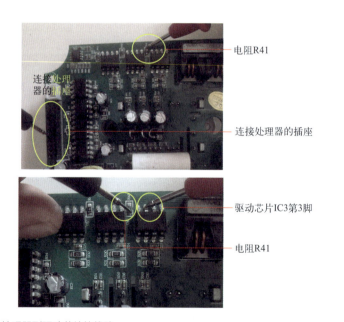

图 9-18　测量处理器到驱动芯片的线路

第 4 步：测量驱动芯片 IC3 第 8 脚到电容 C23，电容 C23 到 IGBT 模块 E1 脚的线路，如图 9-21 所示。

驱动芯片IC3第6脚

电阻R29

电阻R29

IGBT模块G1脚

图 9-19　测量驱动芯片到 IGBT 模块的线路

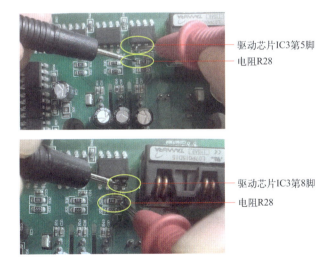

驱动芯片IC3第5脚

电阻R28

驱动芯片IC3第8脚

电阻R28

图 9-20　测量驱动芯片第 5 脚到第 8 脚的线路

　　第 5 步：测量驱动芯片 IC3 第 8 脚到稳压二极管 VD10 的负极，稳压二极管 VD10 的正极到 IGBT 模块 E1 脚的线路，如图 9-22 所示。

驱动芯片IC3第8脚

电容C23

电容C23

IGBT模块E1脚

图 9-21 测量驱动芯片第 8 脚到 IGBT 模块的线路（一）

驱动芯片IC3第8脚

稳压二极管负极

稳压二极管正极

IGBT模块E1脚

图 9-22 测量驱动芯片第 8 脚到 IGBT 模块的线路（二）

第 6 步：测量驱动芯片 IC3 第 7 脚到电容 C17 负极，电容 C17 正极到 IGBT 模块 E1 脚的线路，如图 9-23 所示。

第 7 步：测量驱动芯片 IC3 第 7 脚到电阻 R49，电阻 R49 到稳压二极管 VD10 的正极的线路，如图 9-24 所示。

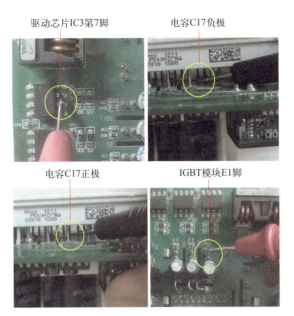

图 9-23 测量驱动芯片第 7 脚到 IGBT 模块的线路

图 9-24 测量驱动芯片第 7 脚到稳压二极管的线路

9.5.2 驱动电路故障维修实战案例

客户送来一台故障变频器，反映变频器可以通电开机，但一按运行按钮就报

OC1 过电流故障。分析故障现象，此变频器中整流电路、IGBT 模块应该正常，故障可能是由电流检测电路故障或驱动电路故障引起的。

变频器运行报 OC1 过电流故障维修方法如下。

第 1 步：在维修故障变频器时，保险起见，在给变频器通电开机前，应先对变频器的整流电路和 IGBT 模块进行初步的检查，看是否有短路故障，防止直接开机烧坏 IGBT 模块。如图 9-25 所示。

首先拆开变频器外壳，将数字万用表调到二极管挡，将红表笔接直流母线的负极，即N（或-）端子，黑表笔分别接R、S、T（或L1、L2、L3）三个端子，测量三次，测量的值都为0.5173V，管电压正常（正常为0.5V左右）。接着再将黑表笔接直流母线的正极，即P（或+）端子，红表笔分别接R、S、T（或L1、L2、L3）三个端子，测量三次，测量的值也都是0.51V，说明整流电路中的整流二极管或整流桥堆正常。

图 9-25　测量整流电路的好坏

第 2 步：继续测量逆变电路中的变频管是否正常，如图 9-26 所示。

将红表笔接直流母线的负极，即N（或-）端子，黑表笔分别接U、V、W三个端子，测量三次，测量的值都为0.3264V，管电压正常（正常为0.3~0.6V），说明逆变电路中下桥臂的三个变频元器件都正常。然后将黑表笔接直流母线的正极，即P（或+）端子，红表笔分别接U、V、W三个端子，测量三次，测量的值也都是0.32V，说明逆变电路中上桥臂变频元器件都正常。

图 9-26　测量 IGBT 模块好坏

第 3 步：给变频器通电开机，发现变频器开机正常，未出现错误报警。然后按运行按钮，发现变频器出现 OC1（过电流）错误报警。如图 9-27 所示。

运行时显示OC1（过电流）报警。

图 9-27　运行时显示过电流报警

　　第 4 步：准备检查电源电路板，将变频器外壳拆开，并拆下主板等电路板。然后用万用表检查电源电路板中主要的元器件，未发现短路或断路损坏的情况。接着在通电情况下，检查电源电路板中的电流检测电路的供电电压，供电电压正常，初步判断电流检测电路正常。如图 9-28 所示。

检测电源电路板中主要的元器件是否正常。

图 9-28　检测电源电路板中主要元器件

　　第 5 步：准备检查驱动电路，保险起见，先把 IGBT 模块拆下来，防止在通电检测时烧坏 IGBT 模块。如图 9-29 所示。

　　第 6 步：在检查驱动电路时，先检测驱动上桥臂三只变频管的三路驱动信号 G和 E 端之间的阻值是否相同，如图 9-30 所示。

　　第 7 步：检测此驱动电路支路中的元器件，发现有两个二极管损坏。更换同型号的二极管后，重新测量此驱动电路支路 G、E 间的阻值，测量的阻值变正常了。如图 9-31 所示。

　　第 8 步：先在 IGBT 模块上涂抹散热硅脂，然后将 IGBT 模块重新焊接回电路板中，并安装好变频器的电路板，准备试机。如图 9-32 所示。

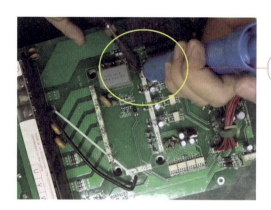

用电烙铁拆卸IGBT模块。

图 9-29   拆卸 IGBT 模块

首先将数字万用表调到欧姆200k挡，然后检测驱动电路中驱动上桥臂三只变频管的三路驱动信号G和E端（即GU与EU引脚孔、GV与EV引脚孔、GW与EW引脚孔）之间的阻值是否相同，驱动下桥臂三只变频管的三路驱动信号的G和N端（即GX与N引脚孔、GY与N引脚孔、GZ与N引脚孔）之间的阻值是否相同。经检测发现其中有一个阻值较低，不正常。

图 9-30   测量驱动电路

将万用表调到二极管挡，检测驱动电路中的二极管管电压。

图 9-31   检测驱动电路中的元器件

第9步：在变频器上连接负载，然后通电开机，未出现错误报警，接着启动运行，也未出现OC1过电流报警，再调整运行频率，负载正常工作，变频器工作正常，故障排除。如图 9-33 所示。

—— 焊接IGBT模块

图 9-32　安装 IGBT 模块

—— 通电测试

图 9-33　测试变频器

技能实战

第 10 章

工业电路板电流 / 电压
检测电路故障维修实战

工业电路板中的电流和电压检测电路用来监控电路，获得危险信息，保护 IGBT 模块或 IPM 模块及电路的安全。如果这部分电路出现故障，将导致工控设备无法正常工作，甚至使相关电路损坏。本章将重点讲解电流和电压检测电路的结构原理及故障维修方法。

10.1 电流 / 电压检测电路运行原理

在工控设备的电路中，通常会设计专门的故障检测电路，以监测电路中的电流、电压及温度等关键信号，用以在出现危险状况时，自动采取停机或其他保护措施，尽最大可能保护主电路、IGBT 模块 /IPM 模块、开关电源电路等重要电路的安全。如果电流 / 电压检测电路出现故障，会直接影响工控设备的正常运行，本节将重点分析电流 / 电压检测电路的组成结构和工作原理。

10.1.1 图解电流 / 电压检测电路的组成

电流 / 电压检测电路通常和电源电路等设计在一块电路板中。其一般由取样电阻、运算放大器、光耦合器、二极管、传感器（如电流互感器）、电容等组成。如图 10-1 所示。

10.1.2 输出端电流检测电路运行原理

工业电路板输出端电流检测电路，一般采用毫欧电阻来采样 IGBT 模块 /IPM 模块输出的电流信号，然后将电流信号转换为电压信号，再经过光耦合器和运算放大器放大，输出给 CPU 控制电路。在工控设备中，通常只有两个相输出端设计有电流检测电路。因为 U、V、W 三相的电流和为 0，如果知道其中两相的电流值，就可以计算出另外一相的电流值。

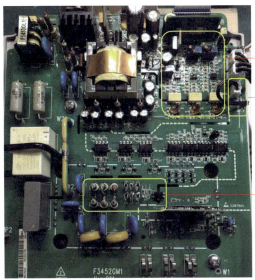

由光耦合器、电流互感器、运算放大器、电阻、电容等组成电流检测电路。

由温度传感器、电阻等组成温度检测电路。

由整流二极管、光耦合器、分压电阻等组成输入缺相检测电路。

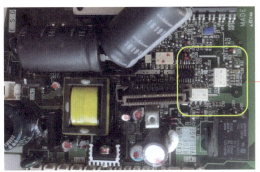

由线性光耦合器、稳压器、毫欧电阻、其他电阻、电容、滤波电感等组成电流检测电路。

由分压电阻、光耦合器等组成电压检测电路。

电流检测电路中的毫欧电阻。

图 10-1 工业电路板中的电流 / 电压检测电路

如图 10-2 所示，输出端电流检测电路主要由毫欧电阻（R3 和 R4）、线性光耦合器（IC5 和 IC7）、运算放大器（IC6A 和 IC6B）、其他电阻、电容等组成。

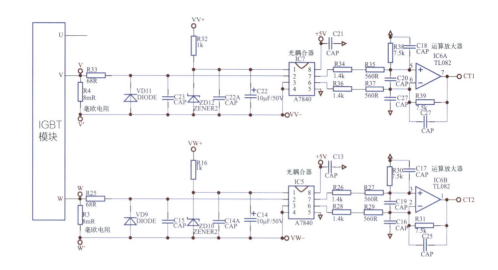

图 10-2 电流检测电路

　　图 10-2 所示的电流检测电路中采用的光耦合器 A7840 是线性光耦合器，其内部的输入侧、输出侧电路，不再像普通光耦合器一样，只是二极管／三极管的简单电路，而是内含放大器，并有各自独立的供电回路，且没有信号输入极性要求，只将输入信号幅度进行线性放大。它的两个信号输入端可看作是运算放大器的两个输入端子，能用于微弱电压信号的输入和放大，能对差分信号有极高的放大能力。如图 10-3 所示为 A7840 的内部结构图，如表 10-1 所示为 A7840 引脚功能详解。

　　图 10-2 中，开关电源电路输出的 VV+ 电压，经过滤波电容 C22 滤波后，进入线性光耦合器 IC7（A7840）的第 1 脚，为其供电。+5V 供电电压经滤波电容 C21 滤波后，进入 IC7 线性光耦合器的第 8 脚，为其供电。

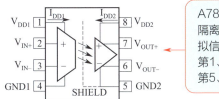

图 10-3 A7840 的内部结构图

A7840线性光耦合器是一个隔离模数转换器，可以将模拟信号转换为数字信号，其第1、2、3、4脚为输入侧，第5、6、7、8脚为输出侧。

表 10-1 A7840 引脚功能详解

引脚号	引脚名称	功能
1	V_{DD1}	输入侧供电端
2	V_{IN+}	正信号输入端，一般输入的信号为 ±200mV 电压模拟信号
3	V_{IN-}	负信号输入端
4	GND1	输入侧接地端
5	GND2	输出侧接地端
6	V_{OUT-}	负输出端
7	V_{OUT+}	正输出端
8	V_{DD2}	输出侧供电端，供电电压为 +5V

输出端电流检测电路工作原理如下：

① IGBT 模块输出端 V 串联一个取样的毫欧电阻 R4（电流检测电路中毫欧电阻上流过电流的波形为正弦波，当流过毫欧电阻的电流增大，其波形的幅度会变大），V 相输出端电流经过电阻 R4 后，在电阻上产生 50mV 左右的电压，此电压信号经电阻 R33 后送入 A7840 线性光耦合器的第 2 脚（此信号为模拟信号），然后经过线性光耦合器 A7840 内部电路转换为数字信号，并放大 8 倍后，从第 6 脚和第 7 脚输出。

② 之后输入到减法器电路中的运算放大器 IC6A 的第 5 脚和第 6 脚，然后从第 7 脚输出（输出的电压为运算放大器 IC6A 芯片第 5 脚电压减第 6 脚电压），实际上就是为了获取 IC7 芯片第 7 脚电压和第 6 脚电压的压差。IC6A 芯片第 7 脚输出的电压被输入到处理器（CPU）的 CT1 脚，处理器（CPU）的内部电路再将此电压进行 A/D 转换，就可以获取当前 IGBT 模块输出的电流值。如果发生过电流故障，处理器（CPU）处理之后会发出控制信号，让工控设备停机，同时发出故障报警。

10.1.3 由霍尔电流传感器组成的电流检测电路运行原理

有些工控设备采用霍尔电流传感器检测 IPM 模块或 IGBT 模块的电流，在工控设备工作时，霍尔电流传感器输出一个和电流成正比的电压信号，此信号被送到处理器（CPU），然后处理器根据电流检测信号作出是否停机保护的判断。如图10-4 所示为采用霍尔电流传感器的电流检测电路。

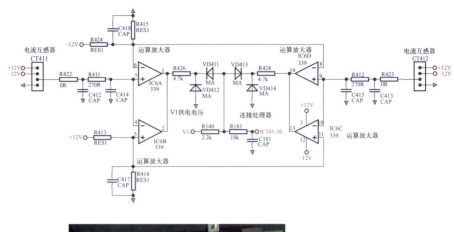

图 10-4　采用霍尔电流传感器的电流检测电路

图中，CT411、CT412 为 2 个电流互感器，它们串接于 IPM 模块或 IGBT 模块三相输出电流回路，输出三路代表输出电流大小的交流电压信号。IC6（339）为运算放大器，它内部包括 4 组放大器。运算放大器 IC6A 和 IC6B 组成了一个窗口比较器，通过窗口比较器的输出信号来判断是否发生过电流故障。二极管 VD412 和 VD414 为钳位二极管。

霍尔电流传感器组成的电流检测电路工作原理如下：

① 正常情况下，电流互感器 CT411 输出的电压约为 4V，此电压经过电阻 R422 和 R411 后加到运算放大器 IC6A 的正极输入端（第 7 脚）和 IC6B 的负极输入端（第 4 脚），而 −12V 电压经过电阻 R424 和 R415 分压后加到运算放大器 IC6A 的负极输入端（第 6 脚）。由于 IC6A 正极输入端电压高于负极输入端电压，因此 IC6A 输出端（第 1 脚）输出高电平。同时，+12V 电压经过电阻 R413 和 R414 分压后加到运算放大器 IC6B 的正极输入端（第 5 脚）。由于 IC6B 正极输入端电压高于负极输入端电压，因此 IC6B 输出端（第 2 脚）输出高电平。因此 IC6A 和 IC6B 组成的窗口比较器的输出电压为高电平，此高电平信号输入到处理器 IC101 的第 36 脚，当处理器接收到高电平的电流检测信号后就会认为输出电流正常。

② 当输出电流升高后，电流互感器 CT411 输出的电压会相应地升高，当高于 IC6B 正极输入端电压时，由于 IC6B 正极输入端电压低于负极输入端电压，因此 IC6B 输出端（第 2 脚）输出低电平。而由于 IC6A 正极输入端电压高于负极输入端电压，因此 IC6A 输出端（第 1 脚）输出高电平。因此 IC6A 和 IC6B 组成的窗口比较器的输出电压为低电平，此低电平信号输入到处理器 IC101 的第 36 脚，当处理器接收到低电平的电流检测信号后就会认为输出电路出现过电流故障。

③ 当处理器收到过电流故障信号后，发出过电流警告，同时进行短延时处理，在短延时处理过程中，若过电流现象消失，则伺服驱动器继续运行，若过电流信号依旧存在，则处理器发出停机信号，进行停机保护。

10.1.4　不带隔离电路的母线电压检测电路运行原理

母线电压检测是处理器（CPU）依据母线电压的上限和下限进行过、欠压保护，同时根据母线电压的高低判断是否要启动制动电路。

工控设备母线电压检测电路一般由取样电阻、运算放大器、光耦合器、其他电阻、电容、二极管等元器件组成，如图 10-5 所示为母线电压检测电路。

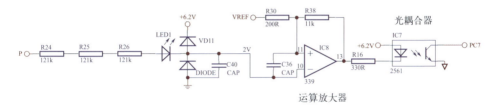

图 10-5　母线电压检测电路

图中，母线电压的正极端 P，经过电阻 R24、R25、R26 分压后，先为 LED1 指示灯供电，之后加在运算放大器芯片 IC8 的第 10 脚（反相输入端）。从它的第 13 脚输出端通过电阻 R38 接回第 11 脚（同相输入端），可以看出它是接成了一个滞回比较器的形式。这个电路的特点就是比较同相输入端和反相输入端（第 10 脚和第 11 脚）电压的大小。这里第 11 脚为参考电压，它是由 VREF 电压经过电阻 R30 分压后加到运算放大器（IC8）的第 11 脚。

不带隔离电路的母线电压检测电路工作原理如下：在电路工作时，会将运算放大器 IC8 第 10 脚的电压与第 11 脚电压进行比较。如果第 10 脚电压大于第 11 脚电压，就输出低电平信号，此信号经过电阻 R16 后连接光耦合器 IC7 的第 2 脚，这时 +6.2V 电压由 IC7 第 1 脚流过内部发光二极管，使光耦合器 IC7 内部的发光二极管发光，致使内部的光敏三极管导通，将处理器（CPU）的 PC7 脚直接接地，这时 PC7 脚变为低电平。当处理器（CPU）内部电路检测到 PC7 脚的低电平信号后，会发出母线过压故障报警。

10.1.5　带隔离电路的母线电压检测电路运行原理

　　为了减少热电电路带来的危险，有的母线电压检测电路采用了隔离放大器（线性光耦合器），能够有效隔离输入和输出电路，提供更安全的工作环境。如图10-6所示为带隔离电路的母线电压检测电路原理图。

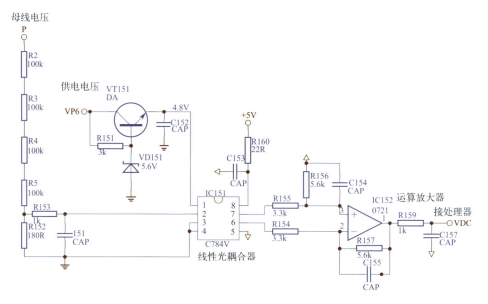

图 10-6　带隔离电路的母线电压检测电路原理图

　　图中，线性光耦合器芯片 IC151 隔离放大器有两路供电：一路由 VP6 电压经过三极管 VT151 后，经滤波电容 C152 滤波输入给线性光耦合器 IC151 的第 1脚；另一路由 +5V 电压经过电阻 R160 和滤波电容 C153 后输入给线性光耦合器IC151 的第 8 脚。两个不同的供电系统，可以将前后级电路隔离开来。

　　带隔离电路的母线电压检测电路工作原理如下：母线电压正极 P 经过电阻R2、R3、R4、R5、R152、R153 分压后，接到线性光耦合器 IC151（C784V）的第 2 脚，线性光耦合器 IC151 第 3 和 4 脚接地，用来取样母线电压，这个取样电压经过线性光耦合器 IC151 芯片内部放大 8 倍后，从第 6 和 7 脚输出，之后输入到减法器电路中的运算放大器 IC152 的第 2 脚和第 3 脚，然后从第 1 脚输出（输出的电压为运算放大器 IC152 芯片第 3 脚电压减第 2 脚电压），实际上就是为了获取线性光耦合器 IC151 芯片第 7 脚电压和第 6 脚电压的压差。运算放大器IC152 芯片第 1 脚输出的电压经过电阻 R159 分压和电容 C157 滤波后，输入到处理器（CPU）的 VDC 脚，处理器（CPU）的内部电路再将此电压进行 A/D 转换，就可以获取当前母线电压值。

10.1.6　输入电压缺相检测电路运行原理

　　交流输入电压缺相检测电路主要将 R、S、T 端输入的电源电压经电阻降压 / 限流后，再经过桥式整流电路整流为脉动直流电压，送入光耦合器处理，然后送入处理器（CPU）内部电路，根据送入处理器（CPU）的电压信号来判断输入的三相电压是否缺相，如图 10-7 所示。

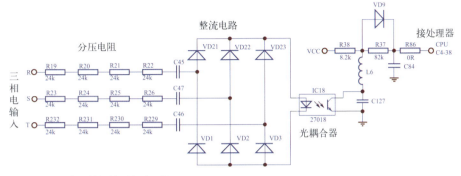

图 10-7　输入电压缺相检测电路工作原理

　　输入电压缺相检测电路工作原理如下：

　　① 由 R、S、T 端输入的三相电压，经电阻 R19 ～ R22、电阻 R23 ～ R26、电阻 R229 ～ R232 组成的降压电路降压后，进入由 VD21 ～ VD23、VD1 ～ VD3 组成的三相整流电路进行整流。当三相电压输入正常时，三相交流电压经过三相整流电路整流后，进入光耦合器 IC18 的输入端，使其内部的发光二极管发光，同时使其内部的光敏三极管导通，这时 VCC 电压信号经电阻 R38、电感 L6、光耦合器 IC18 的输出端接地形成通路。这样 VCC 电压经电阻 R38、R37、R86 分压后的电压被拉低，送到 CPU 的 C4-38 脚的电平信号变为低电平信号。此信号进入 CPU 的内部电路进行电压采样分析，当采样电压为低电平信号时，CPU 会认为三相电输入正常。

　　② 当出现电源断相故障时，如 R 相发生断路时，整流电路只有单相电压输入，整流电压大幅度降低，这时流过光耦合器 IC18 输入端的电压较低，其内部的发光二极管无法发光，IC18 内部的光敏三极管不导通。此时，VCC 电压经电阻 R38、R37、R86 分压后送给 CPU 的 C4-38 脚一个高电平信号。然后经 CPU 的内部电路进行电压采样分析，CPU 会认为三相电输入有缺相，然后向 IPM 模块发出停机保护信号，同时发出输入电源断相故障报警。

10.2　电流 / 电压检测电路故障检修流程图

　　工业电路板中的电流 / 电压检测电路故障主要是由线性光耦合器供电电压

异常、线性光耦合器芯片损坏或性能不良、运算放大器芯片供电电压异常、运算放大器芯片损坏、电流互感器供电电压异常、电流互感器损坏、毫欧采样电阻损坏、二极管击穿短路、电阻断路、电容器击穿短路或电容器容量下降等故障引起的。

电流 / 电压检测电路出现故障通常会出现上电或启动后出现过电流（OC）报警、上电或启动时出现接地故障（GF）报警、上电显示电流检测电路异常报警、上电显示输入电压异常报警等故障现象。电流 / 电压检测电路故障检修具体流程如图 10-8 所示。

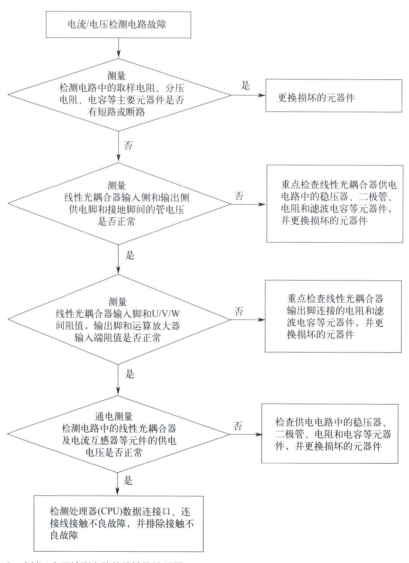

图 10-8　电流 / 电压检测电路故障检修流程图

10.3　电流 / 电压检测电路故障检测点

在检测工业电路板电流 / 电压检测电路的故障时，总会发现几个故障率较高的部件，如线性光耦合器、电流互感器、运算放大器、电阻、电容、二极管等。下面介绍这些易坏元器件的检测方法。

10.3.1　图解电流 / 电压检测电路易坏芯片元件

工业电路板电流 / 电压检测电路易坏元器件主要有：毫欧电阻和分压电阻、光耦合器、电流互感器、运算放大器、二极管、滤波电容、稳压器等，如图 10-9 所示。

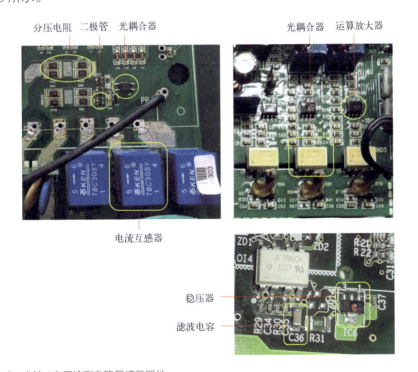

图 10-9　电流 / 电压检测电路易坏元器件

10.3.2　图解电流 / 电压检测电路故障检测点

工业电路板电流 / 电压检测电路的故障检测点主要包括以下几个。

（1）故障检测点 1：毫欧电阻和分压电阻

工业电路板电流 / 电压检测电路中的毫欧电阻、分压电阻等电阻器，比较容易出现阻值变小或变大、接触不良、烧断、短路等损坏。当怀疑电阻器有问题时，可以通过测量电阻器的阻值来判断好坏。如图 10-10 所示。

将数字万用表调到蜂鸣挡，用万用表两支表笔接检测电路中的毫欧电阻的两只引脚，测量其阻值。如果测量的阻值为0或无穷大，说明毫欧电阻损坏；如果测量的值与标称阻值一致，则电阻正常。

图 10-10　测量毫欧电阻的好坏

（2）故障检测点 2：线性光耦合器

工业电路板电流 / 电压检测电路中的线性光耦合器损坏后，会导致电流 / 电压检测电路无法正常运行而出现过电流或电压异常等错误报警故障。当怀疑线性光耦合器有问题时，可以通过检查线性光耦合器工作时是否发热来判断好坏。如图 10-11 所示。

① 用直流可调稳压电源单独给线性光耦合器的供电脚提供5V供电电压，让光耦合器单独工作。将可调直流稳压电源的电压调到5V，然后将红表笔接光耦合器的供电脚（如A7860的第1脚），黑表笔接接地脚（如A7860的第4脚），给光耦合器供电。

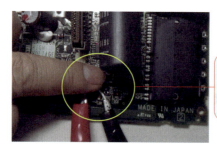

② 用手触摸光耦合器芯片，如果芯片很热，说明光耦合器内部短路损坏，正常的光耦合器芯片应该温度较低。

图 10-11　检测线性光耦合器好坏

（3）故障检测点3：电流互感器

和线性光耦合器一样，工业电路板电流检测电路中的电流互感器损坏后，会导致电流检测电路无法正常运行，而出现过电流错误报警故障。当怀疑电流互感器有问题时，可以通过检查电流互感器的输出电压来判断好坏。如图 10-12 所示。

① 观察其外部绝缘有无破损，然后在确定IGBT模块及整流电路正常的情况下，给电路板接上530V直流电压，准备测量电流互感器输出端电压。

电流互感器

② 将万用表挡位调到直流电压20V挡，然后将红表笔接第一个电流互感器的输出脚，黑表笔接接地脚。测量其输出电压，正常电压应该为零点几伏。如果测量过程中，测量出几伏的直流电压，则说明所测的电流互感器损坏。

图 10-12　检测电流互感器好坏

（4）故障检测点4：运算放大器

工业电路板电流／电压检测电路中的运算放大器损坏后，会导致电流／电压检测电路无法正常运行，而出现错误报警故障。当怀疑运算放大器有问题时，可以通过检查运算放大器各引脚间的电阻值，来判断运算放大器的好坏。如图 10-13 所示。

注意： 测量阻值检测法有一定的局限性，最好将相同型号集成运算放大器的在线或离线测试的经验数据做参考和比较；没有经验测试数据时也要用同型号的集成运算放大器来做离线测量进行比较，否则测出了电阻也难以准确判断运算放大器的性能是否良好。

（5）故障检测点5：稳压器

工业电路板电流／电压检测电路中的稳压器损坏后，会导致电流／电压检测电

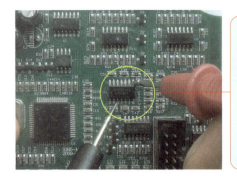

测量时，将指针万用表调到欧姆挡的R×1k挡或将数字万用表调到欧姆挡200k挡，然后依次测量运算放大器芯片中，所有同相输入端IN+、反相输入端IN−、输出端OUT与正电源端Vcc间的阻值，所有同相输入端IN+、反相输入端IN−、输出端OUT与负电源端−Vcc(或GND)间的阻值。如果测量的电阻值为0或无穷大，则此运算放大器损坏。

图 10-13　检测运算放大器各引脚间的电阻值

路供电电压不正常，而出现错误报警故障。当怀疑稳压器芯片有问题时，可以通过检查稳压器芯片各引脚间的电阻值，来判断稳压器的好坏。如图 10-14 所示。

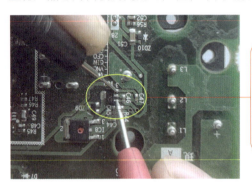

检测时，将指针万用表调到欧姆挡R×1k挡或将数字万用表调到欧姆挡200k挡，然后依次测量稳压器芯片所有引脚间的阻值。如果测量的电阻值为0或无穷大，则此稳压器芯片损坏。

图 10-14　检测稳压器芯片各引脚间的电阻值

（6）故障检测点6：二极管

在检测电流 / 电压检测电路中的二极管时，可以通过测量二极管的管电压或电阻值来判断好坏。如图 10-15 所示。

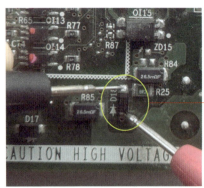

将数字万用表调到二极管挡，然后将红表笔接检测电路中的二极管的正极，黑表笔接负极，测量管电压，正常值为0.6V左右；如果测量的值为0或无穷大，说明其损坏。

图 10-15　测量二极管好坏

实战工业电路板芯片级维修
(全彩视频版)

（7）故障检测点 7：滤波电容

工业电路板电流 / 电压检测电路中有很多滤波电容，当怀疑滤波电容有问题时，可以通过测量滤波电容的阻值来判断好坏。如图 10-16 所示。

将数字万用表调到蜂鸣挡，用万用表两支表笔接检测电路中的电容器的两只引脚。如果测量的阻值为 0，说明电容器损坏。

图 10-16　测量滤波电容好坏

10.4 快速诊断电流 / 电压检测电路常见故障

工业电路板中的电流 / 电压检测电路的故障会导致工控设备无法正常运行。下面将重点讲解工业电路板电流 / 电压检测电路故障现象、原因分析及故障维修方法。

10.4.1　电流 / 电压检测电路常见故障总结

（1）电流 / 电压检测电路常见故障现象

当工业电路板中电流 / 电压检测电路出现故障后，会出现如下故障现象：
① 上电或启动后出现过电流（OC）报警。
② 上电或启动时出现接地故障（GF）报警。
③ 上电显示电流检测电路异常报警。
④ 上电显示输入电压异常报警。

（2）造成电流 / 电压检测电路故障的原因分析

造成电流 / 电压检测电路故障的原因如下：
① 电流 / 电压检测电路中的毫欧电阻损坏。
② 电流 / 电压检测电路中的线性光耦合器芯片损坏或性能不良。
③ 电流 / 电压检测电路中的线性光耦合器芯片供电电压异常。
④ 电流 / 电压检测电路中的运算放大器芯片损坏。

⑤ 电流 / 电压检测电路中的运算放大器芯片供电电压异常。

⑥ 电流 / 电压检测电路中的二极管损坏。

⑦ 电流 / 电压检测电路中的电容器短路或容量下降损坏。

⑧ 电流 / 电压检测电路中的电流互感器供电电压异常。

⑨ 电流 / 电压检测电路中的电流互感器损坏。

⑩ 电流 / 电压检测电路中的采样电阻断路或短路损坏。

10.4.2 电流 / 电压检测电路常见故障诊断维修

在检测工控设备的电流 / 电压检测电路时，可以通过测量电流 / 电压检测电路的供电电压、输入 / 输出端阻值等方法来检测电流 / 电压检测电路是否故障。

电流 / 电压检测电路常见故障维修方法如下。

① 仔细检查电路板中电流 / 电压检测电路中有无明显损坏的元器件，如图 10-17 所示。

检查电流/电压检测电路中有无明显烧黑、炸裂、鼓包等损坏的元器件。如果有，重点检查这些元器件所在的检测电路。

图 10-17 检查电流 / 电压检测电路中有无明显损坏的元器件

② 检测电流 / 电压检测电路中的主要元器件是否正常，如图 10-18 所示。

将数字万用表调到二极管挡，测量电流/电压检测电路中的二极管是否损坏。将数字万用表调到蜂鸣挡，检测电流/电压检测电路中的毫欧电阻、分压电阻及其他电阻是否有短路或断路的故障。再将数字万用表调到欧姆挡200k挡，测量运算放大器正电源脚与其他脚的阻值、负电源脚与其他脚的阻值，看是否有阻值为0和无穷大的情况。如果有，说明运算放大器损坏。

图 10-18 检测电流 / 电压检测电路中的主要元器件

③ 在确定 IGBT 模块 /IPM 模块、整流电路中的整流二极管或整流桥堆均正常的情况下，准备通电检测电流 / 电压检测电路中的供电电压。如图 10-19 所示。

先给电源电路板接500V直流电压，将万用表调到直流电压200V挡，然后将红表笔接线性光耦合器、运算放大器、电流互感器的供电引脚（如A7860的第8脚），黑表笔接地，测量供电电压是否正常（正常为15V或5V左右）。若供电电压不正常，则可能是供电电路中的电阻、电容、稳压器等元器件有问题，检查并更换供电电路中的元器件。

图 10-19　测量供电电压

④ 如果供电电压正常，接着测量电流互感器的输出电压（正常为零点几伏），测量线性光耦合器输出脚电压（正常为 1 ~ 5V）。如图 10-20 所示。

如果测量的关键输出电压为0V，或大于5V，则说明测量的电流互感器或线性光耦合器损坏，更换即可。

测量值为0.036V

图 10-20　测量电流互感器、线性光耦合器等输出端电压

10.5　技能实战

10.5.1　电流 / 电压检测电路跑线实战

根据电流 / 电压检测电路的原理图（参考图 10-21），实际测量电路板中电流 / 电压检测电路中各元器件的走线。

具体跑线测量步骤如下：

第 1 步：将数字万用表调到蜂鸣挡，测量 U 相电压输出端到毫欧电阻 R85，毫欧电阻 R85 到线性光耦合器 IC4 第 4 脚的线路，如图 10-22 所示。

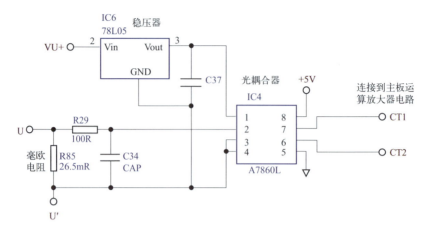

图 10-21 电流／电压检测电路的原理图

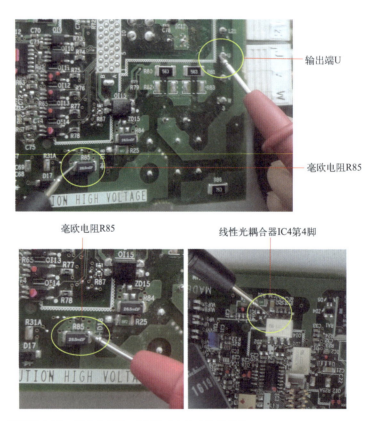

图 10-22 测量输出端 U 经毫欧电阻 R85 到 IC4 第 4 脚的线路

第 2 步：测量 U 相电压输出端到电阻 R29，电阻 R29 到线性光耦合器 IC4 第 2 脚的线路，如图 10-23 所示。

输出端U　　　　　　　电阻R29

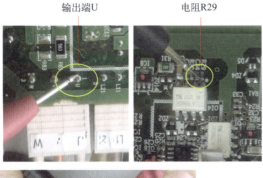

电阻R29和线性光耦合器
IC4第2脚

图 10-23　测量输出端 U 经电阻 R29 到 IC4 第 2 脚的线路

　　第 3 步：测量电阻 R29 到电容 C34，电容 C34 到线性光耦合器 IC4 第 4 脚的线路，如图 10-24 所示。

从电阻R29到电容C34

电容C34

线性光耦合器
IC4第4脚

图 10-24　测量电阻 R29 经电容 C34 到 IC4 第 4 脚的线路

第 4 步：测量稳压器 IC6 输出脚到线性光耦合器 IC4 第 1 脚的线路，如图 10-25 所示。

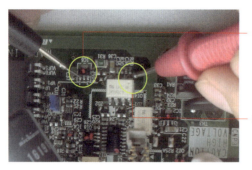

稳压器IC6输出脚

线性光耦合器IC4第1脚

图 10-25　测量稳压器输出脚到 IC4 第 1 脚的线路

第 5 步：测量线性光耦合器 IC4 输出脚第 6 脚到数据接口 CT2 的线路和线性光耦合器 IC4 输出脚第 7 脚到数据接口 CT1 的线路，如图 10-26 所示。

线性光耦合器IC4第6脚

数据接口CT2

线性光耦合器IC4第7脚

数据接口CT1

图 10-26　测量线性光耦合器输出脚到数据接口的线路

10.5.2　电流／电压检测电路故障维修实战案例

客户送来一台伺服驱动器，反映这台伺服驱动器无法正常启动，显示 b33 故障代码。经查，故障代码表示电流检测电路方面有故障。根据经验，此故障可能是电流检测电路中有损坏的元器件，或有断线等方面故障，重点先检查电流检测电路。

安川伺服驱动器开机显示 b33 故障代码故障维修方法如下。

第 1 步：用数字万用表的二极管挡检测伺服驱动器的 IPM 模块，如图 10-27 所示。

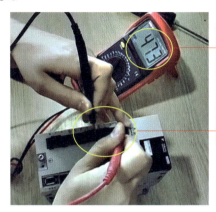

将黑表笔接 P 端口，红表笔分别接 U、V、W 端口，发现测量值均正常（测量值为 0.473V 左右）。然后将红表笔接 N 端口，黑表笔分别接 U、V、W 端口，发现测量值也正常（测量值为 0.471V 左右），说明伺服驱动器的 IPM 模块中没有短路的故障。

图 10-27　测量伺服驱动器中 IPM 模块

第 2 步：拆开伺服驱动器外壳，检查电路板中有无明显损坏的元器件，如图 10-28 所示。

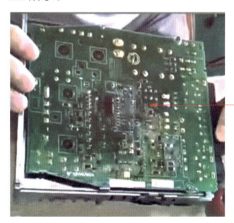

先检查电路板中有无明显烧黑、鼓包、漏液、断裂等损坏的元器件，经检查，未发现明显损坏的元器件。

图 10-28　检查电路板中有无明显损坏的元器件

第 3 步：用数字万用表蜂鸣挡测量 IPM 模块驱动信号输入引脚间的阻值，未发现阻值为 0 或很小，说明驱动电路没有短路故障。如图 10-29 所示。

第 4 步：用数字万用表二极管挡测量整流桥堆引脚的管电压，如图 10-30 所示。

第 5 步：给伺服驱动器接上电源，开机，伺服驱动器显示 b33 故障代码。然后拆下电源电路板，继续测量电流检测电路中的光耦合器。如图 10-31 所示。

测量IPM模块中驱动信号输入引脚间的阻值

图 10-29　测量 IPM 模块中驱动信号输入引脚间的阻值

将两支表笔分别接输入引脚测量，测得的管电压为0.82V，管电压正常。之后再测量整流桥堆的输出引脚，测得的管电压为0.83V，管电压均正常，说明整流桥堆正常。同时检测开关管等主要元器件均正常。

图 10-30　测量整流桥堆的好坏

将数字万用表调到二极管挡，然后将红表笔接光耦合器信号输入侧的接地脚（第4脚），黑表笔接输入侧供电引脚（第1脚），测得的值为0.52V，光耦合器正常。接着再测量光耦合器输入端信号线路，发现有一处断线问题。

图 10-31　测量光耦合器

　　第 6 步：用电烙铁将电路板中断线的线路焊接好，再次测量，线路恢复正常。

如图 10-32 所示。

焊接断线 ←

图 10-32　焊接电路板上的断线

　　第 7 步：将电路板装回伺服驱动器，将电源线连接到伺服驱动器，并连接一个测试用的伺服电动机。如图 10-33 所示。

开机测试，观察到伺服驱动器可以正常开机，并驱动电动机运转，说明伺服驱动器恢复正常，故障排除。

图 10-33　测试伺服驱动器

第 11 章

工业电路板 CPU
主板电路故障维修实战

在工控设备中，CPU 主板电路是整个电路的中心，它负责接收各种信号，并控制整个电路的工作及监控电路的工作状态。工控设备的 CPU 主板电路是否正常，会直接影响整个设备是否能正常运转。本章将重点讲解 CPU 主板电路的结构原理及故障维修方法。

11.1　CPU 主板电路运行原理

在工控设备中，控制设备工作的控制电路被设计在一个专门的电路板——主板上，CPU 主板电路中不但包括处理器（CPU）电路，还包括存储器电路、时钟电路、复位电路、接口电路等重要电路，本节重点分析 CPU 主板电路的组成结构和工作原理。

11.1.1　图解 CPU 主板电路的组成

工业电路板 CPU 主板电路通常包括：控制端子电路、处理器（CPU）、输入 /输出接口、存储器电路、供电电路、时钟电路等。如图 11-1 所示。

（1）处理器

处理器（CPU）是 CPU 主板电路的大脑，它包括 DSP 数字信号处理器等，主要用来对接收的电流、电压、温度等采样信号进行处理，对接收的通信接口输入信号进行处理，对输入的电流、电压频率设定信号进行处理，输出 6 路 PMW 脉宽调制信号，输出显示信号，输出各种故障报警等。

处理器要正常工作，必须具备三大工作条件，即正常的供电电压、复位信号、时钟信号。如图 11-2 所示为 CPU 主板电路中的处理器。

控制端子电路

处理器
(CPU)

供电电路

时钟电路

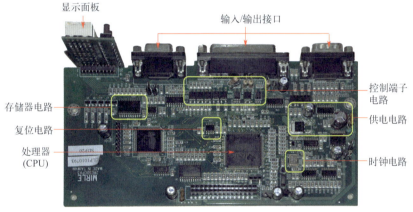

显示面板

输入/输出接口

存储器电路

复位电路

处理器
(CPU)

控制端子
电路

供电电路

时钟电路

图 11-1　CPU 主板电路的组成

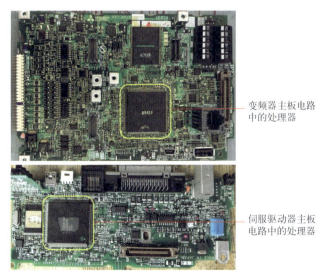

变频器主板电路
中的处理器

伺服驱动器主板
电路中的处理器

图 11-2　CPU 主板电路中的处理器

（2）供电电路

主板中的供电电路主要为处理器、存储器等芯片提供工作电压。主板供电电路通常提供 5V、3.3V、1.8V 等电压。供电电路通常由稳压器、滤波电容、电感等元器件组成，如图 11-3 所示。

图 11-3　主板中的供电电路

（3）复位电路

处理器启动工作的必需条件之一是复位信号，复位信号由复位电路产生。复位电路主要由复位芯片、电阻、电容、二极管等组成，如图 11-4 所示。

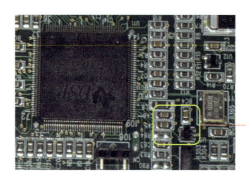

图 11-4　主板中的复位电路

（4）时钟电路

时钟电路的功能是产生处理器工作所需的时钟信号。时钟电路主要由晶振、谐振电容、处理器（CPU）中的振荡器等组成，如图 11-5 所示。

（5）存储器电路

存储器的作用是存储工控设备的数据，存储器电路主要由存储器芯片、上拉电阻和处理器（CPU）等组成，如图 11-6 所示。

晶振

处理器(CPU)

谐振电容

图 11-5　主板中的时钟电路

处理器(CPU)

上拉电阻

存储器芯片

图 11-6　主板中的存储器电路

（6）控制端子电路

　　工控设备中的主板电路中有很多控制端子，如输入端子、输出端子等，控制端子可以接收外部的控制信号，同时，处理器也通过控制端子来输出控制信号。控制端子电路主要由控制端子、接口、光耦合器、处理器（CPU）等组成，如图 11-7 所示。

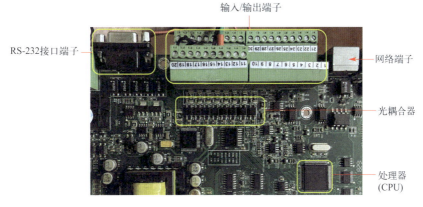

输入/输出端子

RS-232接口端子

网络端子

光耦合器

处理器
(CPU)

图 11-7　主板中的控制端子电路

11.1.2　CPU 主板电路的供电电路运行原理

　　CPU 主板电路中的工作电压通常有 5V、3.3V、1.8V 等，5V 供电电压通常由开关电源电路直接提供，而 3.3V 和 1.8V 供电电压则通过稳压电路将 5V 电压调压后获得。下面重点讲解 +3.3V 电压和 +1.8V 电压供电电路的工作原理。

　　（1）+3.3V 供电电路工作原理

　　CPU 主板电路中的 +3.3V 供电电压，一般为开关电源电路输出的 +5V 直流电压经过稳压器及滤波电容调压及滤波后获得的。如图 11-8 所示为 +3.3V 供电电路。

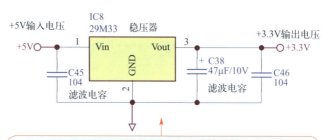

　　图中，芯片IC8（29M33）为稳压器芯片（其第1脚为5V电压输入端，第3脚为+3.3V电压输出端），C45为输入端滤波电容，C38和C46为输出端滤波电容。

图 11-8　+3.3V 供电电路

　　+3.3V 供电电路工作原理如下：开关电源电路输出的 +5V 直流电压，经过滤波电容 C45 滤波后，由稳压器芯片 29M33 的第 1 脚进入芯片内部，经过稳压器调压处理后，从第 3 脚输出 +3.3V 直流电压，再经过滤波电容 C38、C46 滤波后，输出纯净的 +3.3V 直流供电电压。

（2）+1.8V 供电电路工作原理

CPU 主板电路中的 +1.8V 供电电压，通常为开关电源电路输出的 +5V 直流电压经过稳压器调压及滤波电容滤波后获得。如图 11-9 所示为 +1.8V 供电电路。

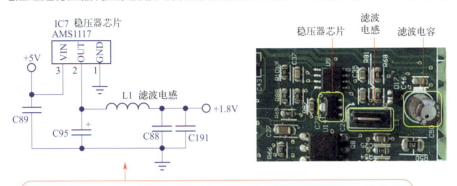

图中，芯片IC7（AMS1117）为稳压器芯片（其第3脚为+5V电压输入端，第2脚为+1.8V电压输出端），C89为输入端滤波电容，C95、C88和C191为输出端滤波电容，L1为滤波电感。

图 11-9　+1.8V 供电电路

+1.8V 供电电路工作原理如下：开关电源电路输出的 +5V 直流电压，经过滤波电容 C89 滤波后，经过稳压器芯片 AMS1117 的第 3 脚进入芯片内部，经过 AMS1117 内部电路调压后，从第 2 脚输出 +1.8V 直流电压，再经过电容 C95、C88、C191 及电感 L1 滤波，为处理器（CPU）提供稳定纯净的 +1.8V 直流供电电压。电路中电感器 L1 的作用是使输出的电流变得平滑，电压波形平稳。

11.1.3　时钟电路运行原理

时钟信号是处理器工作的必要条件之一，由时钟电路产生。工业电路板的控制电路中常用的时钟频率主要有 4MHz、6MHz、12MHz、16MHz、20MHz 等。

时钟电路主要由晶振、谐振电容、电阻、处理器（CPU）中的振荡器等组成，如图 11-10 所示为时钟电路的常见形式。

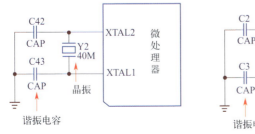
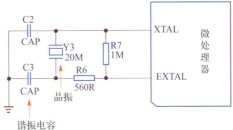

图 11-10　时钟电路的常见形式

如图 11-11 所示为工业电路板 CPU 主板电路中的时钟电路。

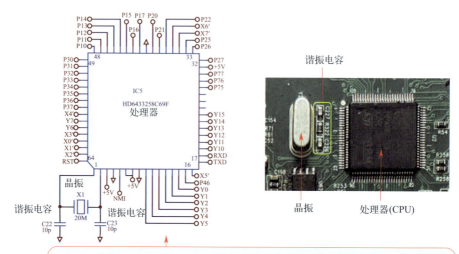

图中，X1为晶振，C22和C23为谐振电容，谐振电容的取值一般为30pF、22pF或10pF，处理器（CPU）IC5第1、2脚为时钟信号输入和输出引脚。

图 11-11　CPU 主板电路中的时钟电路

时钟电路的工作原理如下：当工控设备接通电源后，开关电源电路就产生 5V 待机直流电压，此电压直接为处理器内部的振荡器提供供电，时钟电路在获得供电后开始工作，产生时钟信号，为处理器及其他电路提供开机启动及正常工作时所需的时钟频率。

11.1.4　复位电路运行原理

复位电路主要为 CPU 主板电路中的处理器提供复位信号。处理器在启动时必须进行复位才能开始启动运行，所以复位电路很重要。

复位电路按复位原理分类有低电平复位、高电平复位两种，下面详细讲解其工作原理。

（1）低电平复位电路工作原理

如图 11-12 所示为低电平复位电路图。图中的复位电路主要由电阻 R1、电容 C1 和二极管 VD1 组成。

低电平复位电路工作原理如下：在上电瞬间，因电容 C1 两端的电位不能突变，RST 引脚为（瞬态）低电平，微处理器开始复位动作；随后 R1 提供 C1 的充电电流，逐渐在 C1 上建立起充电电压，当 C1 电压上升 5V（常态）高电平后，复位过程结束，程序执行开始。二极管 VD1 并联在 R1 两端，提供电容 C1 的放电通路。

当系统瞬时掉电时，VD1可快速泄放C1储存电荷，避免电源正常时，C1两端仍保持高电平所造成的复位失效。

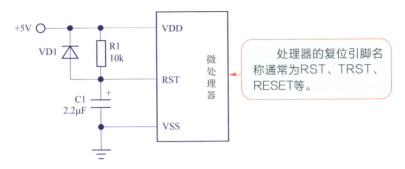

图 11-12　低电平复位电路

（2）高电平复位电路工作原理

如图 11-13 所示为高电平复位电路图。图中复位电路由电容 C1、电阻 R1、二极管 VD1 组成，通过电容的放电来产生复位信号。

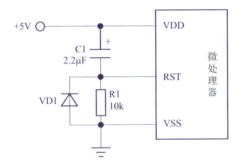

图 11-13　高电平复位电路

高电平复位电路工作原理如下：在上电瞬间，电容 C1 瞬时短路，向微处理器的 RST 引脚输送一个 5V 高电平信号。电阻 R1 提供 C1 的充电电流，当 C1 充电结束（充电电流为零）后，R1 两端电位差为 0V，RST 引脚变为常态低电平，复位过程结束。

（3）复位芯片组成的复位电路工作原理

复位电路还可采用复位芯片来提供复位信号，这种复位电路通常用在复位波形要求比较高的场合。如图 11-14 所示，复位芯片组成的复位电路主要由复位芯片、电阻、电容和处理器等组成。

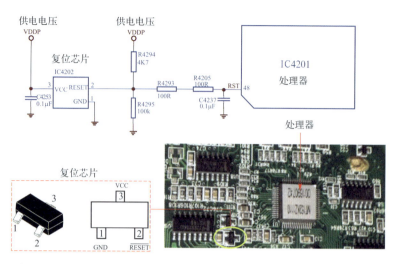

图 11-14 复位芯片组成的复位电路

图中，IC4202（AP1702）为一个高电平有效的复位芯片，它是一种最简单的电源监测芯片，封装只有三只引脚。AP1702 在系统上电和掉电时都会产生复位脉冲，在电源有较大的波动时也会产生复位脉冲，而且还可以屏蔽一些电源干扰。

复位芯片组成的复位电路的工作原理如下：在上电瞬间，3.3V 电压 VDDP 加到复位芯片 IC4202 的 VCC 端，当电压上升到芯片的复位阈值电压 3.08V 时，复位芯片从 RESET 端输出由低到高的复位信号（此复位信号会保持 140ms）。此复位信号经过微处理器的 RST 端进入微处理器内部的逻辑电路。微处理器接收到复位信号后，开始执行复位程序，实现复位。

11.1.5 存储器电路运行原理

存储器的作用是存储伺服驱动器的数据。当用户利用功能按键进行功能调节后，处理器电路便使用 I^2C 总线将调整后的数据存储在数据存储器中。当再次开机时，便从存储器中调出数据。

存储器电路主要由存储器芯片 IC2、上拉电阻 R10 ～ R17、上拉电阻 R70 ～ R72 和处理器 IC5 等组成，如图 11-15 所示为存储器电路图。

存储器电路的工作原理如下：

① 当电路准备进行存储器写操作时，处理器（IC5）先在地址线上发出有效地址（A0 ～ A12），然后从 P77、P75 脚发出片使能信号 CE 和写使能信号 WE。当存储器芯片（IC2）检测到片使能信号 CE（低电平有效）为低电平时，则该存储器芯片（IC2）被选中。接着根据写使能信号 WE 的电平来确定是否进行写操作，如果 WE 信号为低电平，就进行写操作，接下来存储器芯片（IC2）将数据总线（I/O0 ～ I/O7）上的数据写入存储器芯片（IC2）存储体中地址信号指定的单元。

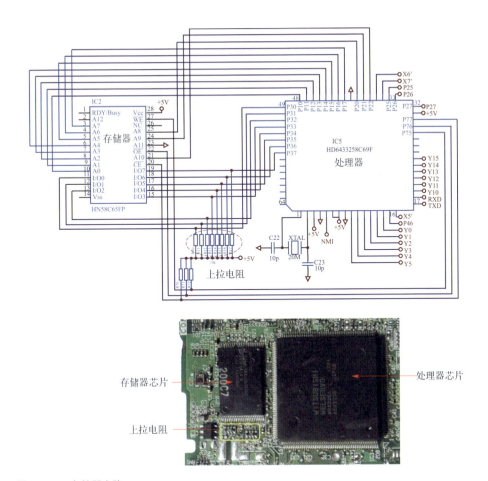

图 11-15　存储器电路

② 当电路准备进行存储器读操作时，处理器（IC5）先在地址线上发出有效地址（A0～A12），然后发出片使能信号 CE 和输出使能信号 OE。当存储器芯片（IC2）检测到片使能信号 CE 为低电平，输出使能信号 OE 也为低电平时，就准备进行输出操作。接着存储器芯片（IC2）就将地址总线（A0～A12）对应的存储单元的数据送到输出缓存器，再将该数据放到数据总线（I/O0～I/O7）上。

11.2 CPU 主板电路故障检修流程图

工业电路板中的 CPU 主板电路故障原因主要包括：由供电电路中的稳压

器、滤波电容等损坏引起供电电压异常；时钟电路中的晶振、谐振电容等损坏引起时钟信号异常；复位电路中的复位芯片、电容、电阻、二极管等损坏引起无法复位故障；存储电路中的存储芯片、上拉电阻等损坏引起数据调用或存储异常等。

CPU 主板电路故障检修具体流程如图 11-16 所示。

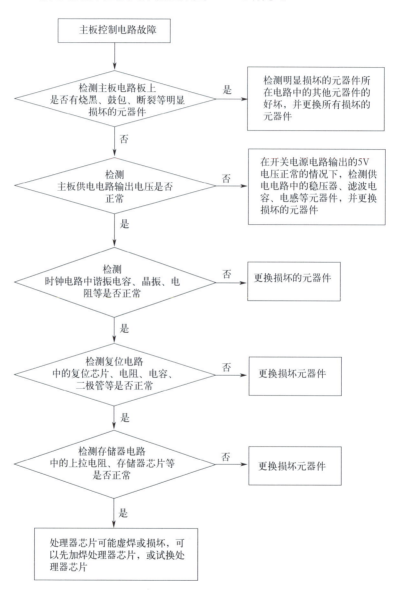

图 11-16　CPU 主板电路故障检修流程图

11.3 CPU 主板电路故障检测点

在检测工业电路板 CPU 主板电路的故障时，总会发现几个故障率较高的部件，如稳压器、晶振、电阻、电容、光耦合器、二极管、电感器等。下面介绍这些易坏元器件的检测方法。

11.3.1　图解 CPU 主板电路易坏芯片元件

工业电路板 CPU 主板电路易坏元器件主要有：稳压器、晶振、滤波电容、电阻器、光耦合器、二极管、电感器等，如图 11-17 所示。

光耦合器

稳压器

晶振

滤波电容

二极管和
电阻器

电感器

图 11-17　CPU 主板电路易坏元器件

11.3.2　图解 CPU 主板电路故障检测点

工业电路板 CPU 主板电路的故障检测点主要包括以下几个。

（1）故障检测点 1：稳压器

在 CPU 主板电路的供电电路中的稳压器损坏后，会导致供电电路输出的供电电压不正常，而引起控制电路无法正常运行。当怀疑稳压器芯片有问题时，可以通过检查稳压器芯片各引脚间的电阻值，来判断稳压器的好坏。如图 11-18 所示。

（2）故障检测点 2：晶振

在 CPU 主板电路的时钟电路中的晶振损坏后，会导致时钟信号不正常，而引起工控设备无法正常开机启动。当怀疑晶振有问题时，可以通过检查晶振两只引脚的电压差，来判断晶振的好坏。

检测时，将指针万用表调到欧姆挡R×1k挡或将数字万用表调到欧姆挡200k挡，然后依次测量稳压器芯片所有引脚间的阻值。如果测量的电阻值为0或无穷大，则此稳压器芯片损坏。

图 11-18　检测稳压器好坏

　　检测时，先给主板加电，然后用万用表测量晶振两引脚的电压，正常情况下两引脚电压不一样，会有一个 0.3 ~ 0.7V 的压差。如果无压差，晶振已发生损坏。
　　检测方法如图 11-19 所示。

测量值为0.652V

① 通过可调稳压电源，给主控制板单独供电。然后将数字万用表调到到直流电压20V挡，黑表笔接地，红表笔接晶振两只引脚中的一只引脚，测量工作电压。

③ 测量值为0.967V。两只引脚间存在约0.3V的电压差，说明晶振工作正常。

② 黑表笔不动，红表笔接晶振的另一只引脚，测量工作电压。

图 11-19　检测晶振好坏

　　（3）故障检测点 3：滤波电容

　　工业电路板 CPU 主板电路中的供电电路、复位电路等有很多滤波电容，滤波电容是比较容易损坏的元器件之一，当怀疑滤波电容有问题时，可以通过测量滤波电容的阻值来判断其是否短路损坏。如图 11-20 所示。

将数字万用表调到蜂鸣挡，用万用表两支表笔接检测电路中的电容器的两只引脚。如果测量的阻值为0，说明电容器损坏。

图 11-20　检测滤波电容好坏

（4）故障检测点 4：电阻器

工业电路板 CPU 主板电路的复位电路、存储器电路中有很多上拉电阻及普通电阻，当这些电阻器发生短路或断路故障时，会导致电路无法正常运行。当怀疑电阻器有问题时，可以通过测量电阻器的阻值来判断好坏。如图 11-21 所示。

将数字万用表调到蜂鸣挡，用万用表两支表笔接毫欧电阻器的两只引脚，测量其阻值。如果测量的阻值为0或无穷大，说明电阻器损坏；如果测量的值与标称阻值一致，则电阻正常。

图 11-21　检测电阻器好坏

（5）故障检测点 5：光耦合器

工业电路板 CPU 主板电路的控制端子电路中的光耦合器出现故障之后会导致相关电路无法正常工作。当要判断光耦合器是否损坏时，可以通过测量其内部的发光二极管和光敏三极管的正反向电压来确定，如图 11-22 所示。

（6）故障检测点 6：二极管

CPU 主板电路中复位电路的二极管损坏时，会导致复位信号不正常。在检测二极管时，可以通过测量二极管的管电压或电阻值来判断好坏。如图 11-23 所示。

① 将数字万用表调到二极管挡，然后将红表笔接第1脚（用圆圈做标志），黑表笔接第2脚，测量管电压值，正常为0.6～1.2V。之后调换表笔再次测量，正常值为无穷大。

② 两支表笔分别接第3、4脚测量，正常为0.6～2.4V。如果几次测量的值中有0，则光耦合器损坏。

图 11-22　检测光耦合器好坏

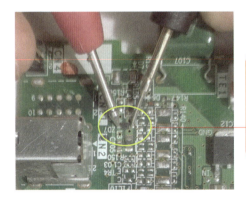

将数字万用表调到二极管挡，然后将红表笔接复位电路中的二极管的正极，黑表笔接负极，测量管电压，正常值为0.6V左右；如果测量的值为0或无穷大，说明其损坏。

图 11-23　检测二极管好坏

11.4 ▶ 快速诊断 CPU 主板电路常见故障

工业电路板中的 CPU 主板电路故障会导致工控设备无法正常运行。下面将重点讲解工业电路板 CPU 主板电路故障现象、原因分析及故障维修方法。

11.4.1 CPU 主板电路常见故障总结

（1）CPU 主板电路常见故障现象

当工业电路板中 CPU 主板电路出现故障后，会出现如下故障现象：

① 开机上电后显示屏无显示，无法开机。

② 显示某一固定字符。

③ 设备无初始化动作过程。

④ 操作面板所有操作失灵。

⑤ 显示乱码，无法正常启动工作。

⑥ 参数修改后不能保存。

⑦ 显示面板无显示且上电过程中的"系统状态指示灯"无闪烁。

⑧ 开始显示"－－－－－""88888"等异常信息。

⑨ 上电报"EEPROM 坏"故障。

⑩ 无法复位。

⑪ 无法通过控制端子输入控制信号。

⑫ 无法与设备通信。

（2）造成 CPU 主板电路故障的原因分析

造成 CPU 主板电路故障的原因如下：

① 供电电路中的稳压器损坏。

② 供电电路中的滤波电容损坏或性能不良。

③ 供电电路中的电感损坏。

④ 时钟电路中的晶振损坏。

⑤ 时钟电路中的谐振电容或电阻损坏。

⑥ 复位电路中的复位芯片损坏。

⑦ 复位电路中的电容器短路或容量下降。

⑧ 复位电路中的二极管损坏。

⑨ 存储器电路中的上拉电阻损坏。

⑩ 存储器电路中的存储器芯片虚焊或损坏。

⑪ 控制电路中的处理器虚焊或损坏。

⑫ 控制端子电路中的电阻器损坏。

⑬ 控制端子电路中的光耦合器损坏。

11.4.2　CPU 主板电路常见故障诊断维修

在检测 CPU 主板电路时，可以通过测量供电电路的输出电压、复位信号、时钟信号等方法来检测 CPU 主板电路的故障。

CPU 主板电路故障维修方法如下。

① CPU 主板电路供电电压不正常，会引起开机上电无反应，无法启动工作；或处理器程序运行紊乱，进入"死机"状态。如图 11-24 所示。

② 如果 CPU 主板电路供电电压正常，接着检测 CPU 主板电路的时钟信号是否正常。可以在接电的情况下，用示波器测量时钟信号引脚的波形是否正常，如果波形不正常，接着用万用表继续测量，如图 11-25 所示。

③ 如果时钟信号正常，接着用万用表直流电压 20V 挡测量复位信号是否正常。如图 11-26 所示。

先用数字万用表的直流电压20V挡检测主板中的供电电压是否正常。如果不正常，则接着检测主板5V供电电压是否正常，稳压器输出端电压是否正常，稳压器输入端电压是否正常，供电电路中的滤波电容、电感等元器件是否损坏。

图11-24　测量主板供电电路故障

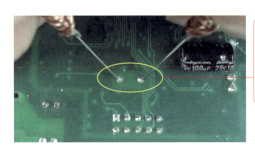

将万用表调到直流电压20V挡，测量晶振的两只引脚的电压，正常应该有0.3～0.7V的电压差，否则可能是晶振损坏。然后再测量时钟电路中的滤波电容、电阻等是否损坏。

图11-25　测量时钟电路

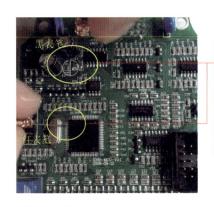

将万用表红表笔接处理器（CPU）的复位引脚，黑表笔接地，然后给主板通电，在通电瞬间观察是否测量到3V左右的复位信号，然后重新开机上电，观察电压是否变化。如果没有，则检查复位电路中的复位芯片的供电电压、复位电容、复位电阻等元器件是否损坏。

图11-26　测量复位信号

　　④ 如果工控设备出现修改参数无法保存、上电报"EEPROM坏"等故障，说明存储器电路有故障。检测存储器电路元器件如图11-27所示。

　　⑤ 如果工控设备出现端子无法输入指令信号，端子输出的转速、电压等信息不正确，端子无法通信等故障，重点检查端子电路中的供电电压、光耦合器、电阻等是否正常。如图11-28所示。

　　⑥ 最后检查处理器（CPU）等重要芯片是否虚焊或损坏，可以对芯片进行加焊处理或更换芯片来处理。

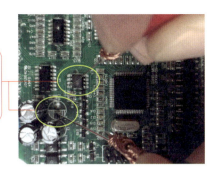

在检测存储器电路时，重点检查存储器芯片和上拉电阻的供电电压、存储器芯片是否虚焊及上拉电阻是否损坏等。

图 11-27　检测存储器电路元器件

用万用表测量端子电路中的光耦合器输入端的管电压。

图 11-28　测量端子电路元器件

11.4.3　快速诊断主板供电电路故障

当工控设备 CPU 主板电路的供电电路出现故障时，通常会出现显示屏无显示，无法开机等故障。供电电路的检测方法如下。

① 首先检查供电电路中滤波电容、电阻等元器件是否正常，如图 11-29 所示。

将数字万用表调到蜂鸣挡，检查处理器（CPU）的供电电路中滤波电容、电阻等元器件，看是否有短路损坏的元器件。如果有，直接更换损坏的元器件。

图 11-29　检查供电电路中主要元器件

233

② 接着先给主板接上 5V 供电电压，测量稳压器输出电压是否正常，如图 11-30 所示。

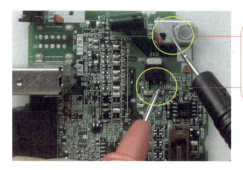

将数字万用表调到直流电压20V挡，红表笔接供电电路中稳压器的输出端，黑表笔接地，测量稳压器输出电压是否正常。正常为3.3V或1.8V。

图 11-30　测量稳压器输出电压

③ 如果稳压器输出电压不正常，则接着测量稳压器输入引脚的电压是否正常，正常为 5V。如图 11-31 所示。

如果稳压器输入电压不正常，检查稳压器输入端连接的滤波电容及5V供电线路中的元器件等。

图 11-31　检测稳压器输入电压

④ 如果稳压器输入电压正常，输出电压不正常，接着测量稳压器输出端连接的滤波电容、电感等元器件是否损坏。如图 11-32 所示。

用万用表测量稳压器输出端连接的滤波电容、电感等元器件。如果损坏，直接更换即可。如果没有损坏，则可能是稳压器芯片损坏，更换芯片即可。

图 11-32　检测稳压器输出端连接元器件

⑤ 如果稳压器输出电压正常，接下来检查处理器（CPU）供电引脚的电压是否为 3.3V 或 1.8V。如图 11-33 所示。

将万用表调到直流电压20V挡，红表笔接处理器（CPU）供电引脚，黑表笔接地，测量供电电压。如果电压不正常，检查处理器（CPU）供电引脚是否存在虚焊，或电路板中供电线路是否有断线等问题。

图 11-33   检查处理器（CPU）供电电压

11.4.4   快速诊断复位电路故障

复位电路出现故障时，通常会出现显示面板无显示，上电过程中的"系统状态指示灯"无闪烁点亮过程等故障。

对于复位电路故障，可以通过检测处理器（CPU）的复位端的静态电压来诊断。低电平复位有效端的静态电压应为高电平，若检测电压为高电平，则说明复位电路有问题。也可以用强制复位法判断处理器（CPU）外部复位电路是否正常。如果处理器（CPU）是低电平复位，则复位引脚的静态电压应为高电平；如果是高电平复位，则复位引脚的静态电压应为低电平。

复位电路的检测方法如下。

① 测量处理器（CPU）复位信号是否正常。如图 11-34 所示。

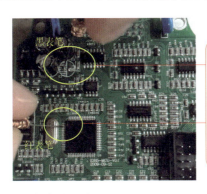

将数字万用表调到直流电压20V挡，红表笔接处理器（CPU）RST引脚，黑表笔接地，观察测量的电压值。然后重新开机上电，观察电压是否变化。

图 11-34   测量上电时的复位信号

② 如果电压一直不变，则是复位电路问题，测量复位电路中的复位电容、复

位电阻是否损坏。对于采用复位芯片的复位电路，要先测量复位芯片的供电电压是否正常，在其正常的情况下，再测量复位输出端在上电时是否有变化的电压。如果没有则是复位芯片损坏。如图 11-35 所示。

用万用表的蜂鸣挡，红黑两支表笔接电容或电阻的两端，测量复位电路中的复位电容、复位电阻是否损坏，如果测量的值为0或无穷大，说明元器件损坏。

图 11-35　复位信号故障检测维修方法

11.4.5　快速诊断时钟电路故障

当时钟电路出现故障后，会造成处理器（CPU）不工作，伺服驱动器无法开机，无显示，或开始显示"-----""88888"的异常故障。

对于时钟电路的检测主要是检测晶振及谐振电容是否正常。在实际的电路维修过程中，发现时钟电路中的晶振和谐振电容容易出现虚焊或损坏，特别是晶振，在受到较大的振动后，很容易损坏。因此在检查时应重点检查晶振和谐振电容。

检测方法如下。

① 当怀疑时钟信号不正常时，首先检查晶振和谐振电容是否有虚焊的问题。如图 11-36 所示。

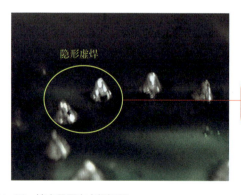

隐形虚焊

检查晶振和谐振电容是否有虚焊的问题。

图 11-36　检查是否有虚焊问题

② 测量晶振引脚的电压是否正常，如图 11-37 所示。

将万用表调到直流电压2V挡，在上电的情况下，两支表笔分别接晶振的两只引脚，测量引脚间电压。正常应该有0.3~0.7V的电压，否则可能是晶振损坏，需进一步测量。也可以单独测量每只引脚的电压判断，正常两只引脚的电压差为0.3~0.7V。

图 11-37　测量晶振两只引脚的电压

③ 测量晶振引脚间阻值是否正常，如图 11-38 所示。

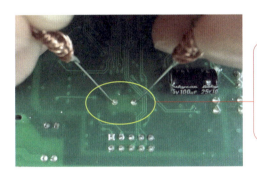

将万用表调到欧姆挡的20k挡，在断电的情况下，两支表笔接晶振两只引脚，测量阻值，正常应该为无穷大。如果阻值很小，说明晶振损坏。

图 11-38　测量晶振引脚间的阻值

④ 在上电的情况下，用示波器测量处理器（CPU）X1 和 X2 时钟信号引脚或晶振引脚的波形，如图 11-39 所示。

将示波器的探针接处理器（CPU）X1和X2引脚，负指针接地，测量时钟信号的波形。正常应该有矩形波。如果没有波形，则可能是谐振电容损坏，或处理器（CPU）内部的振荡模块损坏，需更换损坏的元器件。注意，微处理器（CPU）虚焊也会导致这样的问题，可以加焊微处理器（CPU）引脚来处理。

图 11-39　测量时钟信号的波形

11.4.6　快速诊断存储器电路故障

当处理器（CPU）外部存储器出现故障时，通常会出现伺服驱动器上电报"EEPROM坏"故障、无法复位故障、参数被修改或停电后参数不能被存储的故障等。

存储器电路故障是由受强电场信号冲击或干扰，如 IPM 模块短路或带静电物体触及引脚等引起，其可以通过测量存储器芯片电压来判断。

存储器电路检测方法如下。

① 检查存储器芯片有无虚焊等故障，如图 11-40 所示。

仔细检查存储器芯片的引脚有无虚焊的问题，如果有则进行加焊处理。

图 11-40　检测存储器芯片有无虚焊

② 在上电的情况下，测量存储器芯片供电电压是否正常，如图 11-41 所示。

用万用表直流电压20V挡，红表笔接存储器芯片VCC引脚，黑表笔接地，测量供电电压是否正常。如果不正常，检查供电电路中的滤波电容等元器件。

图 11-41　测量存储器芯片的供电电压

③ 如果供电电压正常，接着在断电的情况下，测量存储器电路中的上拉电阻是否正常，如图 11-42 所示。

将数字万用表调到蜂鸣挡，两支表笔接上拉电阻的两端，测量存储器电路中的上拉电阻是否正常。如果测量的值为0或无穷大，说明上拉电阻短路或开路损坏。

图 11-42　测量上拉电阻是否正常

④ 在上电的情况下，修改参数时，测量存储器芯片的 SCL 和 SDA 引脚的电压。如图 11-43 所示。

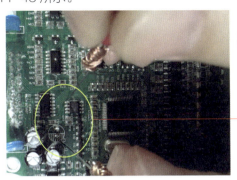

将万用表调到直流电压20V挡，黑表笔接地，红表笔分别接存储器芯片的SCL和SDA引脚，测量电压值。正常应该有3.3V以上的电压，如果没有，则是存储器芯片损坏。

图 11-43　测量存储器芯片的 SCL 和 SDA 引脚的电压

11.4.7　快速诊断控制端子电路故障

当控制端子电路出现故障时，通常会造成端子连接的设备无法正常工作，端子无法输入指令信号，端子输出的转速、电压等信息不正确，端子无法通信等故障。这时就需要重点检查控制端子电路中的光耦合器、上拉电阻、继电器、三极管、运算放大器、其他电阻、电容等元器件。

控制端子电路故障维修方法如下。

（1）某个数字信号输入端子输入无效故障维修方法

当出现某个数字信号输入端子输入无效故障时，一般是由此数字信号输入端子接口电路存在问题所致。检修方法如下。

① 在断电的情况下，检测电阻器、光耦合器是否正常。如图 11-44 所示。

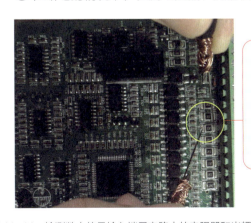

用万用表的电阻挡检测数字信号输入端子电路中的电阻器的阻值是否正常，用万用表的二极管挡测量光耦合器第1、2脚的压降是否正常（正常为0.7V左右）。如果有参数不正常的元器件，则更换损坏元器件即可。

图 11-44　检测数字信号输入端子电路中的电阻器和光耦合器

② 检查此数字信号输入电路中光耦合器的第 1 脚的电压是否正常。如图 11-45 所示。

在通电情况下，用万用表直流电压200V挡，红表笔接光耦合器第1脚，黑表笔接地，测量光耦合器第1脚电压。正常电压应为24V或12V。

图 11-45　检测光耦合器的供电电压

③ 检测电路中的光耦合器是否损坏。如图 11-46 所示。

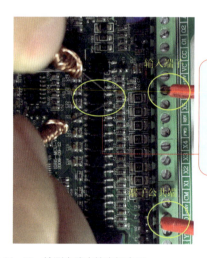

首先短接输入端子和公共端（COM或DCM等），用万用表直流电压200V挡测量光耦合器第1脚和第2脚间电压。如果电压值为24V（或12V），说明光耦合器输入侧短路损坏；如果电压值为0V，说明光耦合器输入侧断路损坏，正常应该为1～2V。

图 11-46　检测电路中的光耦合器

④ 如果光耦合器输入端电压为 1 ～ 2V，接着测量光耦合器第 4 脚电压值。如图 11-47 所示。

（2）所有的数字信号输入端子均无效故障维修方法

如果所有的数字信号输入端子都无效，说明数字信号输入端子的公共电路有问题，即 24V（或 12V）供电电路有问题，或者是 COM 或 DCM 公共端电路有损坏的元件。此故障维修方法如下。

用万用表直流电压20V挡，红表笔接光耦合器第4脚，黑表笔接地，测量光耦合器第4脚电压值（不短接输入端和公共端）。如果测量的电压值为5V，说明光耦合器输出侧出现短路损坏，正常应该为0V。

图 11-47　测量光耦合器第 4 脚电压

① 在通电的情况下，测量 +24V（或 12V）端子的电压是否正常。如图 11-48 所示。

用万用表直流电压200V挡，红表笔接+24V（或12V）端子，黑表笔接地，测量+24V（或12V）端子的电压是否正常。如果不正常，检测供电电路中的滤波电容是否短路损坏。

图 11-48　测量 +24V（或 12V）端子的电压

② 如果24V供电电压正常，接着检测5V供电电压是否正常。如图 11-49所示。

用万用表直流电压20V挡，红表笔接光耦合器的第3脚连接的上拉电阻引脚，黑表笔接地，测量5V供电电压是否正常。如果5V电压不正常，检测供电电路中的滤波电容是否短路。

图 11-49　测量 5V 供电电压是否正常

③ 如果 24V（或 12V）和 5V 电压均正常，接下来测量 COM 端子和地线是否有断路情况。如图 11-50 所示。

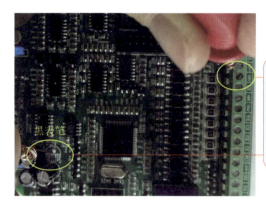

用数字万用表蜂鸣挡，红表笔接 COM 端子，黑表笔接地，测量 COM 端子和地线是否有断路情况。如果蜂鸣挡没有响，说明线路有断路情况，维修断路故障。

图 11-50　测量 COM 端子和地线是否断路

（3）某数字信号输出端子无法输出故障维修方法

某数字信号输出端子无法输出故障一般是由电路中的三极管、二极管、电阻等元器件损坏导致的。此故障维修方法如下。

① 在断电的情况下，检测数字信号输出端子电路中的电阻器的阻值是否正常，二极管压降是否正常，三极管有没有击穿短路，三极管发射结电压是否正常（若电压远远大于 0.7V 则三极管损坏），继电器线圈有无断路。如果有不正常的元器件，更换损坏元器件即可。如图 11-51 所示。

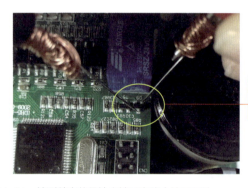

检测数字信号输出端子电路中的电阻器、二极管、三极管、继电器等。

图 11-51　检测数字信号输出端子电路中的元器件

② 检查此数字信号输出电路中 24V 供电电压是否正常。如图 11-52 所示。

③ 当启动变频器时，测量三极管的基极电压。如图 11-53 所示。

第11章　工业电路板 CPU 主板电路故障维修实战

在通电情况下，用万用表直流电压200V挡，红表笔接二极管负极一端（或继电器线圈的一端），黑表笔接地，测量供电电压，正常电压应为24V。如果电压不正常，检查24V供电电路中的滤波电容是否击穿。

图 11-52 测量数字信号输出电路中 24V 供电电压

用万用表的直流电压20V挡，红表笔接三极管基极，黑表笔接地测量。正常应该有4.3V左右的电压，如果电压为0，则微处理器虚焊或损坏。

集电极C

基极B   发射极E

图 11-53 测量三极管的基极电压

（4）模拟信号端子电路无效故障维修方法

模拟信号输入或输出端子电路无效一般是由电路中的电阻、电容或运算放大器等元器件损坏导致的。此故障维修方法如下。

① 在断电的情况下，检测模拟信号输入和输出端子电路中的电阻器的阻值是否正常、电容器有无短路击穿。如果有不正常的元器件，则更换损坏元器件即可。如图 11-54 所示。

② 通电检测运算放大器VCC引脚供电电压是否正常（正常应为 15V/24V 等），如图 11-55 所示。

③ 如果 VCC 引脚电压正常，接着测量运算放大器输出端电压，如图 11-56 所示。

检测模拟信号输入和输出端子电路中的电阻器、电容器等元器件。

图11-54 检测模拟信号输入和输出端子电路中的元器件

将万用表调到直流电压200V挡,红表笔接运算放大器VCC引脚,黑表笔接地,测量供电电压。如果不正常,检测供电电路中的滤波电容等元器件是否损坏。

图11-55 检测运算放大器VCC引脚供电电压

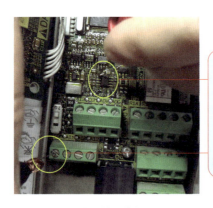

将万用表调到直流电压20V挡,红表笔接运算放大器输出端引脚,黑表笔接地,测量运算放大器输出端电压。如果电压为0,则运算放大器损坏。如果不为0,短接两只输入端引脚,测量输出端电压是否为0。如果不为0,则比较器芯片损坏。

图11-56 测量运算放大器输出端电压

11.5 ▶ 技能实战

11.5.1　CPU 主板电路跑线实战

　　根据 CPU 主板电路的原理图（参考图 11-57），实际测量电路板 CPU 主板电路中时钟电路各元器件的走线。

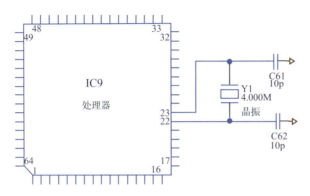

图 11-57　主板时钟电路的原理图

　　具体跑线测量步骤如下：

　　第 1 步：将数字万用表调到蜂鸣挡，测量处理器（CPU）第 22 脚连接晶振 Y1 的线路，如图 11-58 所示。

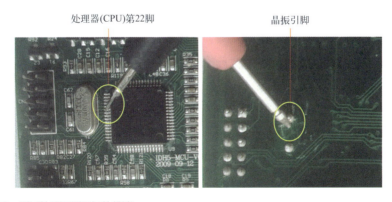

图 11-58　测量处理器到晶振的线路

　　第 2 步：测量处理器（CPU）第 22 脚连接谐振电容 C62，谐振电容 C62 接地的线路，如图 11-59 所示。

　　第 3 步：测量处理器（CPU）第 23 脚连接晶振 Y1 的线路，如图 11-60 所示。

処理器(CPU)第22脚

谐振电容C62

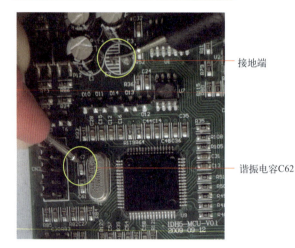

接地端

谐振电容C62

图 11-59　测量处理器（CPU）到谐振电容 C62，C62 接地的线路

处理器(CPU)第23脚　　　　　　　　　　晶振引脚

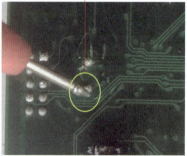

图 11-60　测量处理器到晶振另一引脚的线路

　　第 4 步：测量处理器（CPU）第 23 脚连接谐振电容 C61，谐振电容 C61 接地的线路，如图 11-61 所示。

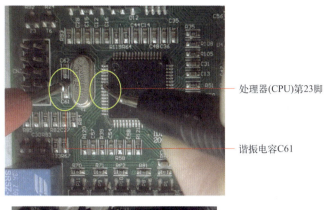

处理器(CPU)第23脚

谐振电容C61

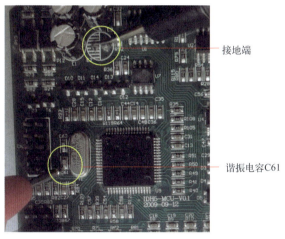

接地端

谐振电容C61

图 11-61　测量处理器（CPU）到谐振电容 C61，C61 接地的线路

11.5.2　CPU 主板电路故障维修实战案例

　　客户送来一台变频器，反映变频器上电启动时显示面板黑屏无反应。分析故障现象，一般黑屏故障可能是显示面板损坏，或控制电路故障，或开关电源电路故障引起的，一般先重点检查供电方面的问题。

　　变频器黑屏无法启动故障维修方法如下。

　　第 1 步：在维修故障变频器时，保险起见，在给变频器通电开机前，应先对变频器的整流电路和 IGBT 模块进行初步的检查，防止直接通电开机烧坏整流桥堆或 IGBT 模块。先检测整流电路好坏，如图 11-62 所示。

　　第 2 步：检测变频器 IGBT 模块，如图 11-63 所示。

　　第 3 步：先断开电源，并对变频器电源电路板进行放电（在 P 端子和 N 端子之间连接 100W 灯泡进行放电），然后拆开变频器，拆下电路板。如图 11-64 所示。

首先拆开变频器外壳，将数字万用表调到二极管挡，将红表笔接直流母线的负极，即N（或−）端子，黑表笔分别接R、S、T（或L1、L2、L3）三个端子，测量三次，测量的值都为0.48V，管电压正常（正常为0.5V左右）。接着再将黑表笔接直流母线的正极，即P（或+）端子，红表笔分别接R、S、T（或L1、L2、L3）三个端子，测量三次，测量的值也都是0.48V，说明整流电路中的整流二极管或整流桥堆正常。

图 11-62　检测变频器的整流电路

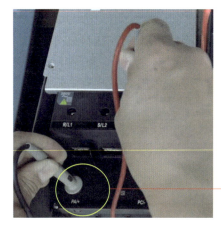

将红表笔接直流母线的负极，即N（−）端子，黑表笔分别接U、V、W三个端子，测量三次，测量的值都为0.51V，说明逆变电路中下桥臂的三个变频元器件都正常。然后将黑表笔接直流母线的正极，即P（+）端子，红表笔分别接U、V、W三个端子，测量三次，测量的值也都是0.51V，说明逆变电路上桥臂变频元器件都正常。

图 11-63　检测 IGBT 模块

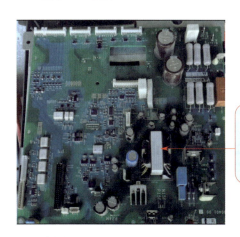

拆下电路板后，检查电源电路板中有无明显损坏（如鼓包、断裂、烧坏等）的元器件。未发现损坏的元器件。

图 11-64　检查电源电路板

第4步：检查主控制电路板，发现电路板中有一处烧坏的地方。如图 11-65 所示。

检查主控制电路板发现有烧黑。

图 11-65   检查主控制电路板

第 5 步：经进一步检查，发现烧坏的是一个内置两个二极管的元器件。如图 11-66 所示。

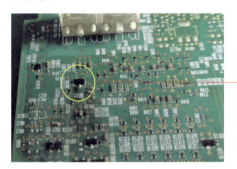

发现烧坏的二极管元器件，然后用一个同型号的元器件更换掉损坏的二极管。

图 11-66   检查发现二极管损坏

第 6 步：由于电路中发生击穿故障后，可能会有其他元器件连带损坏，因此接着用万用表进一步检此元器件所在的供电电路。如图 11-67 所示。

将数字万用表调到二极管挡，红表笔接电路的输出端，黑表笔接地，测量值为0，说明电路有短路故障，还有元器件损坏。

图 11-67   进一步检查供电电路

第 7 步：由于损坏的二极管所在的电路为主板的供电电路，接着检查主控制电路板中与此电路有关联的所有供电电路中元器件。如图 11-68 所示。

检查供电电路，发现另一只二极管被击穿，接着更换损坏的二极管，并再一次测量供电电路输出端对地阻值（即上一步所做的检查），发现电路板短路故障消失。

图 11-68　检查主板的供电电路

第 8 步：将电源电路板和控制电路板及显示面板连接好，给电源电路板上电启动测试。如图 11-69 所示。

显示面板开始正常显示，然后测量输出端子中的10V和24V端子的输出电压，均正常。最后将变频器安装好，然后接上供电电压和负载电动机，上电启动。显示面板显示正常，电动机运转正常，调整输出频率，电动机运转均正常，故障排除。

图 11-69　测试变频器

第 12 章

工业电路板维修方法和加电经验

在维修工业电路板之前，最好掌握一些工业电路板的维修方法、易坏元件好坏检测方法及常见故障维修检测方法等，本章将详细讲解这些维修方法。

12.1 图解工业电路板常用维修方法

工业电路板的常用维修方法有很多，如测电阻法、测电压法等，下面详细介绍一些常用的维修方法。

12.1.1 观察法

观察法是电路板维修过程中最基本、最直接和最重要的一种方法，通过观察电路板的外观以及电路板上的元器件是否异常来检查故障。如图 12-1 所示。

在维修电路板时，首先观察电路板上的电容是否有鼓包、漏液或严重损坏；电阻、电容引脚或焊点是否有异常，表面是否烧焦；芯片是否开裂，电路板上的铜箔是否烧断；各个接口插头、插槽、插座是否歪斜；是否有金属导电物掉进电路板上的缝隙里面；电路板上各条线路是否有短路、断路。

图 12-1 电路板中爆裂的电容器

12.1.2 串联灯泡法

串联灯泡法是指将一个 60W/220V 的灯泡串接在电源电路板的熔断器（保险管）的两端，然后通过灯泡亮度判断电路板是否有短路故障，同时还可以防止测试时发生"炸板"的现象。如图 12-2 所示。

当给串入灯泡的电源电路板通电后，由于灯泡有大约800Ω的阻值，可以起到一定的限流作用，不至于立即使电路板中有短路的电路元器件烧坏。如果灯泡很亮，说明电源电路板有短路现象。接下来根据判断排除短路故障，排除时根据灯泡的亮度判断故障位置，如果故障排除，灯泡的亮度会变暗。最后，再更换熔断器就可以了。

图 12-2　串联灯泡法

12.1.3　测电压法

测量电压也是电路维修过程中常用且有效的方法之一。电子电路在正常工作时，电路中各点的工作电压表征了一定范围内元器件、电路工作的情况，当出现故障时电压必然发生改变。测电压法运用万用表查出电压异常情况，并根据电压的变化情况和电路的工作原理作出推断，找出具体的故障原因。使用万用表检测元器件电压如图 12-3 所示。

测电压法的原理是通过检测电路中某些测试点有无工作电压，电压是偏大还是偏小，判断产生电压变化的原因，这个原因也就是故障的原因。电路在正常工作时，各部分的工作电压值是唯一的，当电路出现开路、短路、元器件性能变化等情况，电压值必然会有相应的变化，测电压法就是要检测到这种变化情况，然后加以分析。

图 12-3　使用万用表检测元器件电压

12.1.4　测电阻法

测电阻是电路维修过程中常用的方法之一，它主要是通过测量元器件阻值大小的方法来大致判断芯片和电子元器件的好坏，以及判断电路中有无严重短路和断路的情况。短路和开路是电路故障的常见形式。短路通过阻值异常降低的方法判断，开路通过阻值异常升高的方法来判断。判断电路或元件是否短路，粗略的办法是使用万用表蜂鸣挡。蜂鸣挡测试时有蜂鸣器可以发出声音（一般阻值小于 20Ω 时会发声）。使用万用表测量元器件电阻如图 12-4 所示。

一般小阻值元器件，如保险管、线圈等可以通过万用表蜂鸣挡来判断好坏，如果没有发出蜂鸣声，则元器件可能出现断路故障。大功率三极管、MOS管等元器件的故障多为短路，检测时，用万用表蜂鸣挡测量元器件引脚间的阻值，如果发出蜂鸣声，则出现短路故障。同样对于各组电源正负之间也要测量有无短路。对于各个集成芯片对电源端的短路问题，可以用万用表蜂鸣挡，测试各芯片引脚对电源的正负端之间有无短路。在维修检测时，这些测试工作都是顺手做的，耗不了多少时间，能起到事半功倍的作用。

图 12-4　使用万用表测量元器件电阻

12.1.5　替换法

　　替换法就是用好的元器件去替换所怀疑有问题的元器件，若故障消失，说明判断正确，否则需要进一步检查、判断。用替换法可以检查电路板中所有元器件的好坏，并且结果一般都是正常无误的。

　　使用替换法时应重点替换故障率最高的元器件，且在替换元器件前，应先检测此元器件的供电电压，看是不是由供电问题引起的元器件没工作，排除元器件的供电问题后再使用替换法。

12.2　图解工业电路板维修的基本流程

　　在维修工业电路板时，一般先检查电路板有无炸裂、熏黑等明显损坏的元器件，然后在断电情况下，对保险管、IPM 模块、IGBT 模块、整流桥堆、开关管、二极管滤波电容、电阻等一些重点元器件进行检测。如果没有短路的情况，再通电对工业电路板中的一些关键点电压进行检测，以找出故障点，排除故障。下面将详细讲解工业电路板维修的基本流程。

12.2.1　第 1 步：首先观察故障工业电路板

　　当拿到一块待维修的工业电路板时，首先对它的外观进行仔细的观察，看是否有损坏的元器件。

　　具体方法如下：

　　① 观察电路板是否被摔过，从而导致板角发生了变形，或是板上芯片被摔变形或摔坏。如图 12-5 所示。

首先观察电路板上的芯片、插座、转接卡是否变形或开裂损坏，电路板是否有断线、开裂，电路板四角是否发生变形。如果是，说明电路板可能被摔过，这时先试着对变形的电路板进行修复，如重新焊接芯片、插座等，重新焊接好断线等。如果无法修复，就需要更换电路板。

图 12-5　观察电路板是否变形

② 观察电路板上的元器件有没有被烧坏的。比如 IPM 模块、IGBT 模块、开关管、电阻、电容、二极管、集成芯片有没有鼓包、裂口、烧焦、发黑的情况。如图 12-6 所示。

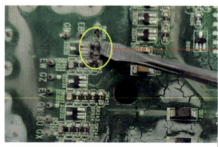

正常情况下，电阻即使被烧焦了，它的阻值也不会有变化，性能不会改变，不影响正常使用，这时需要使用万用表辅助测量。

如果是电容、二极管、芯片被烧焦了，它们的性能就会发生改变，在电路中就不能发挥其应有的作用，会影响整个电路的正常运行，这时必须更换新的元器件。

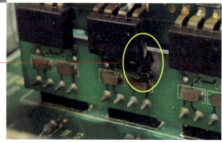

图 12-6　观察电路板上的元器件有没有被烧坏

③ 观察电路板上的走线有没有起皮、烧焦断路的情况，沉铜孔有没有脱离焊盘的。如图 12-7 所示。

④ 观察电路板上的保险（包括保险管和热敏电阻），看保险丝是否被熔断。有时由于保险丝太细，看不清楚，可以借助辅助工具万用表来判断保险管是否损坏。

如果电路板铜线有烧断的情况，则需要先将烧坏的电路板清理干净，然后用铜丝将烧断的走线焊接好，并涂上滤油做固定和绝缘处理。

图 12-7　观察电路板上的走线有没有损坏

如果出现上述故障，就要具体查找故障原因，检查的总体思路是：首先要仔细分析电路板的原理图，然后根据所烧毁的元器件所在电路，查找它的上级电路，一步一步向上推导，再凭借工作中积累的一些经验，分析最容易发生问题的地方，找出故障发生的原因。

12.2.2　第 2 步：检测电路板中有无短路元器件

对于无明显损坏的工业电路板，要找出故障原因，在通电检测前，还需要用万用表测量电路中的重点元器件有无短路故障。

重点检测的元器件如图 12-8 所示（列举部分重点元器件）。

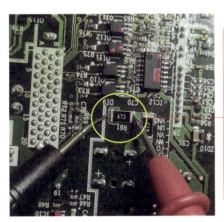

①对IPM模块或IGBT模块进行检测，看模块是否短路损坏。
②检查保险管是否被熔断。
③检测整流二极管或整流桥堆是否短路损坏。
④检测滤波电容是否出现短路情况。
⑤检测开关管是否短路损坏。
⑥检测续流二极管是否短路损坏。
⑦检测光耦合器是否损坏。
⑧检测驱动电路中的电阻是否正常。
⑨检测电流/电压检测电路中的取样电阻是否短路损坏。

图 12-8　重点检测的元器件

12.2.3　第 3 步：通电状态检测电路板中的关键电压信号及波形

如果经过前面两个步骤还没有找到故障原因，接下来就需要通过在线测量找出故障原因。通常在确定工业电路板没有短路故障的情况下（如果无法确定电路板是否有短路故障，可以在保险管的两端接一个灯泡作为短路时的缓冲），直接给电路板供电，然后检测关键点的电压是否正常。

具体检测方法如下。

① 首先测量 IPM 模块 /IGBT 模块的供电电压。如图 12-9 所示。

将万用表调到直流电压1000V挡，然后将红表笔接模块的P引脚，黑表笔接N引脚，测量供电电压。也可以测量整流桥堆输出的电压。如果电压不正常，重点检查整流电路中的整流桥堆或整流二极管、滤波电容、开关管、续流二极管等元器件。

图 12-9　测量模块供电电压

② 然后检测电路板中 IPM 模块的 15V 供电电压。如图 12-10 所示。

将万用表调到直流电压20V挡，红表笔接IPM模块的VP1引脚，黑表笔接地测量。如果电压不正常，重点检查15V供电电路中的滤波电容、电感等元器件。

图 12-10　测量模块 15V 供电电压

③ 测量 IGBT 模块各驱动电路 G、E 引脚间的电压是否正常，如图 12-11 所示。

将万用表调到直流电压20V挡，红表笔接IGBT模块的GU引脚，黑表笔接EU引脚，测量电压值。正常应该有负几伏的电压，且各驱动电路电压都一致。如果电压不正常，则重点检查对应的驱动电路中的驱动芯片及电阻、二极管等元器件。

图 12-11　测量 IGBT 模块各驱动电路 G、E 引脚间的电压

④ 在检查完驱动电压后，再用示波器测量各路驱动信号的波形是否正常，如图 12-12 所示。

将示波器的信号探测笔接IGBT模块各路驱动信号输入脚（如GW、EW）测量驱动信号的波形。正常为矩形波。如果不正常，重点检查驱动芯片的供电电压、驱动芯片、电阻、二极管等元器件。

图 12-12　测量各路驱动信号的波形

⑤ 测量处理器（CPU）的供电电压，如图 12-13 所示。

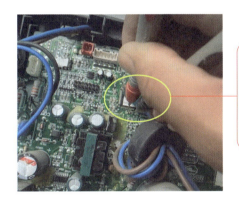

将万用表调到直流电压20V挡，红表笔接处理器（CPU）的供电引脚或供电电路中稳压器输出脚，黑表笔接地或稳压器的GND脚，测量供电电压（一般为3.3V或1.8V）。如果电压不正常，检查供电电路中的稳压器、滤波电容等元器件。

图 12-13　测量处理器（CPU）的供电电压

12.3 给电路板加电经验

12.3.1　工业电路板中的主控制板的工作电压

工业电路板中主控制板的工作电压特点如图 12-14 所示。

12.3.2　电路板直流工作电压测量规律

测量直流电压时，选择合适的直流电压挡，黑表笔接地线，红表笔接待测点，根据测量结果判断。

①处理器部分一般采用1.8V、3.3V或5V的工作电压。

②运算放大器电路等模拟电路部分一般采用±12V或±15V或12V、15V的单电源工作电压。

③光耦输入接口、继电器接口一般采用12V或24V的工作电压。

图 12-14　工业电路板中的主控制板的工作电压特点

① 整机直流工作电压空载时比工作时高出好几伏，越高说明电源内阻越大。
② 整机中整流电路输出端直流电压最高，沿 RC 滤波、退耦电路逐渐降低。
③ 有极性电解电容两端电压，正极端高于负极端。
④ 如果电容两端电压为零，只要电路中有直流工作，则说明该电容已短路。
⑤ 电路中有直流工作电压时，电阻两端应有压降，否则电阻电路有故障。
⑥ 电感两端直流电压不为零，说明电感开路。

12.3.3　加电前找电源节点

加电之前，要先找到电源节点。确定加电节点的方法如下：

① 找到稳压芯片的输入、输出及接地端，再确定电源电压接入点。如图 12-15 所示。

稳压器芯片

②如果3.3V供电电路之前还有其他电路也需要一起测试，则可在78L33的输入端和地端之间加5V以上的电压。

①以78L33稳压芯片组成的稳压电路为例讲解，如果要给处理器外供3.3V电压，就可以在78L33的电压输出端和接地端接3.3V电压。

图 12-15　电源接入点

② 通过查看芯片的数据手册，找出芯片电源引脚，确定电源电压加入点。比如 TTL 芯片的工作电压是 5V，通常芯片第一排的最后一脚是接地脚，而第二排的最后一脚是电源脚。如图 12-16 所示。

图中为光耦合器芯片，其第1脚为电源脚，第4脚为接地脚。加电测试时，可用导线焊在芯片的对应电源引脚上，然后用鳄鱼夹将测试电源夹在引出的导线上。

图 12-16　给芯片外接供电

③ 对于电源电压不明确的板子，找到大的滤波电解电容，一般情况下，电容正负两端就是电源端，通过观察电容上标注的耐压值还可估计系统所用电压大小，如图 12-17 所示。

图中电容器的耐压值为25V，则可以在电容器的正负极引脚上加12V电压，为主控制板供电。

图 12-17　根据电容器耐压值来确定所加电压值

第 13 章

工业电路板综合维修实战

在维修电路板的过程中，实践经验很重要，实践经验丰富可以提高维修的效率。本章将重点介绍常见工业电路板维修实例，帮助读者，学以致用，积累实践经验。

 图解通过网络查询元器件型号实战

13.1.1 通过元器件型号查询元器件详细参数实战

在实际维修中，由于缺少电路图，经常需要通过电路板上看到的元器件型号查找元器件的参数信息，以此来了解元器件的功能作用。

那么如何查询元器件的参数信息呢？具体方法如下。

① 查看并记下电路板上芯片的型号，如图 13-1 中的芯片型号为 ADM485。

查看电路板上芯片的型号

图 13-1　查看电路板上芯片的型号

② 在浏览器中打开芯片资料网 ALLDATASHEET 官网。如图 13-2 所示。

③ 在网站的查询栏中输入芯片型号"ADM485"，然后单击右侧的查询图标。如图 13-3 所示。

打开芯片资料网网站

图 13-2　打开芯片资料网的网站

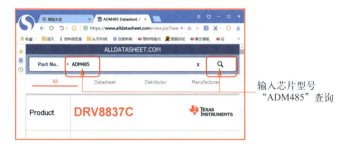

输入芯片型号
"ADM485"查询

图 13-3　输入要查询的芯片型号

④ 在网页中会看到搜索到的结果。如图 13-4 所示。

搜索到的结果

图 13-4　显示搜索到的结果

⑤ 单击搜到的"ADM485"选项按钮，会打开新的页面，显示 PDF 资料文件缩略图。如图 13-5 所示。

⑥ 单击左侧的缩略图，在网页的下半部分会显示打开的 PDF 资料文件。如图 13-6 所示。

13.1.2　通过贴片元器件丝印代码查询元器件型号信息实战

上一小节讲解了如何通过芯片型号查询芯片的参数资料信息，但在电路板上还有一些特别小的贴片电感、电容、二极管、三极管等小元器件。由于体积很小，它的上面只能印刷 2~3 个字母或数字，如 A6 等。这些印字根本不是元器件的型号，它只是一个代码。而通过代码是无法在芯片资料网中查到元器件的资料文件的（芯片资料网只有通过型号才能查询元器件的参数信息）。

图 13-5　显示 PDF 资料文件缩略图

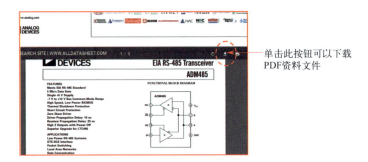

图 13-6　打开的 PDF 资料文件

　　那么怎么才能通过元器件上的丝印代码查询元器件的参数信息呢？首先需要通过代码查到元器件的型号，然后再在芯片资料网站中查询其资料信息。

　　具体方法如下。

　　① 记下元器件上的代码，如图 13-7 中的 "A6"。

图 13-7　记下元器件上的代码

② 在浏览器中打开芯片丝印反查网网站。如图 13-8 所示。

打开芯片丝印反查网网站

图 13-8　打开芯片丝印反查网的网站

③ 在查询栏中输入芯片代码"A6"，然后单击右侧的"手气不错"查询按钮。如图 13-9 所示。

输入芯片代码"A6"

注意此处还可以设置查询条件

图 13-9　输入芯片代码

④ 在网页中会以列表的形式展示查询结果。其中第二列是型号信息，第五、六列为引脚数和功能描述。找到与查询的元器件接近的选项，记下型号信息，如"BAS16W"，如图 13-10 所示。

展示的查询结果

图 13-10　展示的查询结果

⑤ 打开芯片资料网，并输入刚才查询到的型号，进行查询。如图 13-11 所示。

图 13-11　在打开的芯片资料网中输入查询到的型号

⑥ 打开查询的 PDF 资料文件，可以看到元器件的详细参数信息。如图 13-12 所示。

图 13-12　打开的 PDF 资料文件

13.2　图解工业电路板维修实战案例

13.2.1　安川变频器炸模块故障维修实战

（1）故障现象

客户送来一台变频器，反映模块被炸坏，无法工作。

（2）故障检测与维修

一般 IGBT 模块被炸坏，通常会导致驱动电路等电路也一起损坏，因此在更换 IGBT 模块前，需要仔细检查驱动电路等电路，排除所有损坏的元器件，才能更换 IGBT 模块。

变频器炸模块故障维修方法如下。

第 1 步：拆开变频器的外壳，然后拆下电路板准备检查电路板故障。如图

13-13 所示。

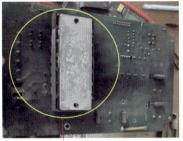

检查电源电路板，发现IGBT模块周围及电路板都被烧黑，看来模块烧坏得挺严重。

图 13-13　拆机检查电路板

第 2 步：用电烙铁将 IGBT 模块拆下。如图 13-14 所示。

用电烙铁拆下IGBT模块，准备更换一个同型号的新IGBT模块。

图 13-14　拆下 IGBT 模块

第 3 步：为了避免再次炸模块，在更换 IGBT 模块前，需要先对电路板中的各主要电路进行检查。由于电路板被烧黑，接下来先清洗电路板。如图 13-15 所示。

用刷子沾上洗板水，刷洗电路板中烧黑的地方，反复刷洗直到电路板被清洗干净。

清洗后的电路板

图 13-15　清洗电路板

第4步：在清洗好电路板后，检查电路板中有无明显损坏的元器件。如图13-16所示。

仔细检查电路板中的元器件，看有没有鼓包、烧黑、炸裂等明显损坏的元器件，如果有，先将这些元器件更换掉。

经检查发现有几个元器件明显损坏，直接将其更换掉。

图 13-16 检查电路板

第5步：在未装 IGBT 模块的情况下，给电源电路板通电，然后测量驱动电路是否正常。如图 13-17 所示。

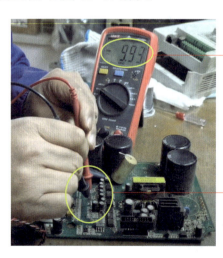

将万用表调到直流电压20V挡，红黑表笔分别接IGBT的引脚GU和EU、GV和EV、GW和EW，测量三路驱动电压。正常应该有负几伏的电压，且各驱动电路电压都一致。如果有电压不正常的，则可能是此路驱动电路有问题，需要重点检查对应的驱动电路中的驱动芯片及其他元器件。经检查驱动电压均在正常范围。

图 13-17 检测驱动电路

第6步：在检查完驱动电压后，还需用示波器进一步测量各路驱动信号的波形，以保证驱动电路完全正常。如图 13-18 所示。

第7步：在检查完所有电路后，准备安装 IGBT 模块，如图 13-19 所示。

此驱动信号波形正常

有故障的波形

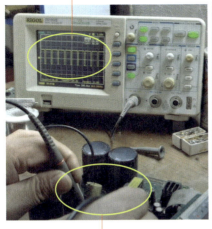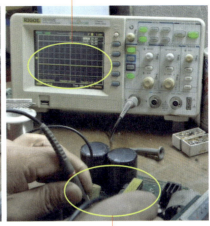

将示波器的正极探针分别接IGBT模块引脚的GU、GV、GW引脚，负极探针接地，测量波形。正常应为矩形波。

在测量其中一路驱动信号波形时，发现波形为一条直线，说明对应的驱动电路不正常，还有损坏的元器件。然后经过测量发现驱动电路中的一个电阻开路损坏，更换电阻后波形变正常。

图 13-18　测量驱动信号波形

在IGBT模块的背面涂抹一层薄薄的散热硅脂，这样利于散热。

图 13-19　在 IGBT 模块上涂抹硅脂

第 8 步：将 IGBT 模块先固定到散热片上，并拧好固定螺钉。然后将电源电路板安装到散热片上（注意安装时要对准 IGBT 模块的引脚），用螺钉固定好电路板，如图 13-20 所示。

将IGBT模块先固定到散热片上，并拧好固定螺钉。

安装好电源电路板后，用电烙铁焊接IGBT模块的引脚。

图 13-20　安装 IGBT 模块

提示　　这种先固定 IGBT 模块再焊接引脚的方法，是为了将 IGBT 模块准确焊接在电路板上，防止先焊接好 IGTB 模块后，出现无法安装进去的问题。

第 9 步：焊接好 IGBT 模块后，安装好变频器的主板及显示屏等，之后接好电源线，通电试机。如图 13-21 所示。

通电后，看到变频器显示正常，接着连接一个电动机进行测试，发现电动机运转正常，调节频率，运转也正常，变频器故障排除。

图 13-21　测试变频器

13.2.2　HLP-C 变频器显示板不显示故障维修实战

（1）故障现象

一台海利普 HLP-C 故障变频器，客户反映通电显示板无显示。

（2）故障检测与维修

通常无显示故障与开关电源故障和主电路故障都有关系，重点检查这两个电路。

变频器显示板不显示故障维修方法如下。

　　第 1 步：对于这种故障，我们要在通电检测前，先用万用表检测整流电路和 IGBT 模块是否有问题，防止通电后造成变频器电路二次损坏。如图 13-22 所示。

①将数字万用表调到二极管挡，将红表笔接直流母线的负极，即N端子（或−端子），黑表笔分别接R、S、T三个端子，测量三次，测量的值都为0.4649V。接着再将黑表笔接直流母线的正极，即P端子（或+端子），红表笔分别接R、S、T三个端子，测量三次，测量的值都是0.4649V，说明整流电路中的整流二极管都正常。
②将红表笔接直流母线的负极，即N端子（或−端子），黑表笔分别接U、V、W三个端子，测量三次，测量的值都为0.46V，说明逆变电路中下桥臂的三个变频元器件都正常。然后将黑表笔接直流母线的正极，即P端子（或+端子），红表笔分别接U、V、W三个端子，测量三次，测量的值也都是0.46V，说明逆变电路上桥臂变频元器件都正常。

图 13-22　检测整流电路和 IGBT 模块

　　第 2 步：拆开变频器外壳，然后给变频器接上电源，准备检测电源电路板。如图 13-23 所示。

拆开变频器外壳，并给变频器接上电源，准备测量开关电源电路。将万用表挡位调到直流电压20V挡，然后黑表笔接PWM芯片（芯片为3844）的第5脚，红表笔接第7脚，测量PWM芯片的启动电压（正常为16V）。测量的电压为15.5V，启动电压有点偏低。

图 13-23　测量开关电源电路

第3步：测量 PWM 芯片基准电压，如图 13-24 所示。

将万用表黑表笔接第5脚，红表笔接第8脚，测量基准电压。测量的电压为0.29V，正常应该为5V，说明PWM芯片没有工作。由于上一步测量的启动电压偏低，怀疑是PWM芯片的供电电路有元器件工作不良。根据经验，一般电路中的滤波电容容量下降容易导致供电电压下降。

图 13-24　测量基准电压

第4步：将电源电路板拆下，然后再拆下 PWM 控制芯片启动电路中的滤波电容，准备进一步检查。如图 13-25 所示。

先将电源电路板拆下，然后用电烙铁将启动电路中的滤波电容拆下，准备测量其电容量。

图 13-25　拆卸滤波电容

第5步：用万用表检测拆下的滤波电容，如图 13-26 所示。
第6步：换好滤波电容后，准备通电测试一下。如图 13-27 所示。

将万用表调到200μF电容挡，然后红黑表笔接电容器的两只引脚，测量其容量。测量值为13.59μF，而所测电容器的标称容量为33μF，说明电容器老化损坏。

然后更换一只同型号的滤波电容器。

图 13-26　检测电容器

将显示面板连接好，然后通电测试，发现变频器可以正常显示了。看来故障是由老化的滤波电容引起的。

图 13-27　测试变频器

第 7 步：装好变频器电路板，并连接负载进行测试，如图 13-28 所示。

13.2.3　HLP-A 变频器开机报 OC 过电流故障维修实战

（1）故障现象

一台海利普 HLP-A 故障变频器，客户描述变频器可以通电开机，但一开机启动就报 EOCA 过电流故障。

安装电路板时，先在IGBT模块上涂抹散热硅脂，再将电源电路板安装
到散热片上，并固定好，然后装好显示屏和外壳。之后将负载电动机连
接到变频器，通电测试。变频器开机后发现可以正常显示，且设置参数
后，负载电动机运转正常，变频器故障排除。

图 13-28　连接负载测试变频器

（2）故障检测与维修

一般过电流故障可能是由驱动电路故障引起的，也可能是由电流检测电路故障
引起的，因此对这些电路都要进行检测。变频器启动报 EOCA 过电流故障维修方
法如下。

第 1 步：对于一台故障变频器，在通电进行故障检测前，应先对整流电路
和 IGBT 模块进行初步的检测，防止直接开机烧坏 IGBT 模块。如图 13-29
所示。

第 2 步：给变频器通电准备检测电流检测电路和驱动电路。先用万用表直流电
压 20V 挡测量电流检测电路中的光耦合器的供电电压，如图 13-30 所示。

第 3 步：再检测电流检测电路中的光耦合器输出电压，如图 13-31 所示。

第 4 步：准备检测驱动电路，如图 13-32 所示。

第 5 步：怀疑驱动电路中几个滤波电容可能有老化，检测其电容量和 D 值，
如图 13-33 所示。

第 6 步：将出问题的滤波电容器全部更换，之后接上显示面板，通电开机测试，
变频器没有提示过电流故障了。如图 13-34 所示。

①首先拆开变频器外壳，将数字万用表调到二极管挡，将红表笔接直流母线的负极，即N（－）端子，黑表笔分别接R、S、T三个端子，测量三次，测量的值都为0.46V。接着再将黑表笔接直流母线的正极，即P（＋）端子，红表笔分别接R、S、T三个端子，测量三次，测量的值也都是0.46V，说明整流电路中的整流二极管都正常。
②接下来将红表笔接直流母线的负极，即N（－）端子，黑表笔分别接U、V、W三个端子，测量三次，测量的值都为0.51V，说明逆变电路中下桥臂的三个变频元器件都正常。然后将黑表笔接直流母线的正极，即P（＋）端子，红表笔分别接U、V、W三个端子，测量三次，测量的值也都是0.51V，说明逆变电路上桥臂变频元器件都正常。

图 13-29　检测整流电路和 IGBT 模块

先将万用表调到直流电压20V挡，红表笔接电流检测电路中的光耦合器的供电引脚，黑表笔接地，测量供电电压。测量的电压值为5.01V，电压正常。

图 13-30　测量光耦合器供电电压

将万用表调到直流电压20V挡，红表笔接电流检测电路中的光耦合器的输出引脚，黑表笔接地。测量的输出电压为几毫伏，输出电压正常。

图 13-31　测量光耦合器输出电压

将万用表调到直流电压20V挡，红表笔
接驱动电路中驱动芯片供电引脚，黑表
笔接地，测量供电电压。测量的电压值
为15.01V，电压正常。

图 13-32 检测驱动芯片

接下来拆下怀疑的几个滤波电容，
然后用电桥测量其电容量和D值，
发现有3个滤波电容的电容值减小，
D值偏高。说明滤波电容的性能下
降了。

图 13-33 检测电容器

更换出问题的滤波电容器。

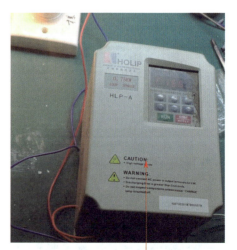

将变频器装好，然后接上负载进行测试。变频
器可以正常开机，没有任何故障报警，且调整
频率，负载可以正常工作，变频器故障排除。

图 13-34 测试变频器

13.2.4 德弗变频器开机运行后提示 OU-3 报警故障维修实战

（1）故障现象

一台故障变频器，客户反映变频器通电开机正常，但运行后会出现 OU-3 报警故障。

（2）故障检测与维修

查询变频器说明书，提示此故障为定速时过压，原因可能是输入电源电压异常。分析故障现象，应该重点检查电源电路板中的电压检测电路。变频器开机运行后提示 OU-3 报警故障维修方法如下。

第 1 步：检测变频器 IGBT 模块是否有短路故障，如图 13-35 所示。

①将数字万用表调到二极管挡，将红表笔接直流母线的负极，即N（－）端子，黑表笔分别接R、T端子，测量两次，测量的值都为0.46V。接着再将黑表笔接直流母线的正极，即P（＋）端子，红表笔分别接R、T两个端子，测量两次，测量的值也都是0.46V，说明整流电路中的整流二极管都正常。
②将红表笔接直流母线的负极，即N（－）端子，黑表笔分别接U、V、W三个端子，测量三次，测量的值都为0.51V，说明逆变电路中下桥臂的三个变频元器件都正常。然后将黑表笔接直流母线的正极，即P（＋）端子，红表笔分别接U、V、W三个端子，测量三次，测量的值也都是0.51V，说明逆变电路上桥臂变频元器件都正常。

图 13-35　检测变频器 IGBT 模块

第 2 步：给变频器接上电源线，并开机观察变频器故障。如图 13-36 所示。

第 3 步：断开电源，并在 P 端子和 N 端子之间接一个灯泡，对变频器电源电路进行放电处理。拆开变频器，拆下电路板，准备做进一步检查，如图 13-37 所示。

第 4 步：检查电压检测电路中的 15V 供电电压，如图 13-38 所示。

第 5 步：检查电压检测电路中的 5V 供电电压，如图 13-39 所示。

第 6 步：检测电压检测电路中的负电压，如图 13-40 所示。

发现变频器开机正常，但启动运行后显示面板就会显示OU-3过电压报警。确定了客户描述的故障现象。

图13-36 开机观察变频器

给电源电路板接上供电，然后重点检测电压检测电路的输入电压。将万用表调到直流电压750V挡，将红表笔接电压检测电路中直流母线电压输入端的正极，黑表笔接电压检测电路中直流母线电压输入端的负极。测量的电压为305V（此变频器为两相变频器），电压正常。

图13-37 测量电压检测电路的输入电压

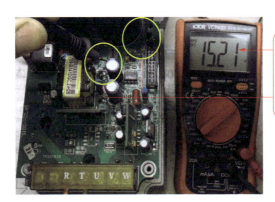

将万用表调到直流电压20V挡，红表笔接电压检测电路中15V电压供电端，黑表笔接地，测量电压检测电路中的15V供电电压。测量值为15.21V，电压正常。

图13-38 检测15V供电电压

将万用表调到直流电压20V挡，红表笔接电压检测电路中5V电压供电端，黑表笔接地，测量电压检测电路中的5V供电电压。测量值为4.95V，电压正常。

图 13-39　测量 5V 供电电压

将万用表调到直流电压200V挡，红表笔接电压检测电路中负电压供电端，黑表笔接地，测量电压检测电路中的负电压。测量值为−48.8V，电压正常。

图 13-40　测量 −48V 电压

第 7 步：检测电压检测电路中的另一负电压，如图 13-41 所示。

将万用表调到直流电压20V挡，红表笔接电压检测电路中负电压供电端，黑表笔接地，测量电压检测电路中的−1.5V负电压。测量值为−2.0V，电压不正常。

图 13-41　测量 −1.5V 电压

第 8 步：电压不正常，应该是电压检测电路中有损坏的元器件，接着检测电压检测电路中的元器件，如图 13-42 所示。

用万用表的电阻挡检测电压检测电路中的电阻、电容、运算放大器等元器件，用万用表的二极管挡检测电压检测电路中的光耦合器。经检查发现有个电阻的阻值和标注的阻值不相符，已经损坏。

图 13-42　检测电压检测电路中的元器件

第 9 步：将损坏电阻更换后，再测量电压检测电路中的负电压。如图 13-43 所示。

将万用表调到直流电压20V挡，红表笔接电压检测电路中负电压供电端，黑表笔接地，测量电压检测电路中的−1.5V负电压。测量值为−1.425V，电压正常了。

图 13-43　更换电阻后再次测量电压

第 10 步：将变频器的电路板装好，准备试机，如图 13-44 所示。

将变频器的电路板装好后，通电开机测试，过电压报警消失。之后给变频器连接负载电动机进行测试，电动机可以正常运转，调整频率，电动机运转也正常，变频器故障排除。

图 13-44　测试变频器

实战工业电路板芯片级维修
全彩视频版 ▶

13.2.5 西门子伺服驱动器开机指示灯不亮故障维修实战

（1）故障现象

客户送来一台西门子伺服驱动器，反映这台伺服驱动器开机后指示灯不亮，显示 230005 故障代码。

（2）故障检测与维修

经查故障代码表示功率单元过载。根据经验，此故障可能是电源部分有损坏的元器件。伺服驱动器开机指示灯不亮，显示 230005 故障代码故障维修方法如下。

第 1 步：对于这种故障，首先要拆开伺服驱动器外壳检查内部电路的情况，如图 13-45 所示。

先拧开外壳的固定螺钉，拆开伺服器外壳和电路板。接着检查电源电路板正面的元器件，未发现明显烧坏或损坏的元器件。

图 13-45　检查内部电路板中的元器件

第 2 步：检测 IGBT 模块是否正常，如图 13-46 所示。

将万用表调到二极管挡，然后黑表笔接直流母线的正极，红表笔分别接电路板 IGBT 模块的U、V、W输出脚，测量管电压。测量的电压值均为0，说明IGBT模块内部短路损坏。

图 13-46　检测 IGBT 模块

第 3 步：拆下电源电路板检查，如图 13-47 所示。

第 4 步：测量开关变压器的引脚，如图 13-48 所示。

第 5 步：用电烙铁拆下损坏的开关变压器。拆下之后，再次用万用表测量其引脚间阻值，如图 13-49 所示。

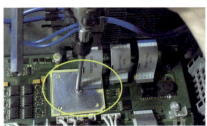

先拆下电源电路板，拧下IGBT模块的固定螺钉，拆下IGBT模块上盖。接着检查电源电路板背面的元器件，未发现明显烧坏的元器件。

图 13-47　检查电源电路板

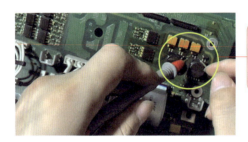

将万用表调到蜂鸣挡，然后两支表笔接开关变压器的引脚进行测量，发现右边的开关变压器内部发生断路损坏。

图 13-48　测量开关变压器

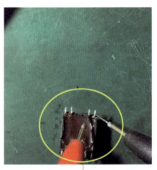

先用电烙铁拆下损坏的开关变压器，然后将万用表调到蜂鸣挡，测量开关变压器引脚间的阻值。测量的阻值为无穷大，说明开关变压器内部绕组断路损坏。

图 13-49　拆下故障开关变压器

　　第 6 步：直接测量 IGBT 模块引脚间的管电压，再次确认其好坏，如图 13-50 所示。

先将万用表调到二极管挡，测量IGBT模块引脚中变频管的引脚间的管电压。测量的电压值为0.985V（正常为0.4～0.6V），说明IGBT模块内部有损坏。

图 13-50　测量 IGBT 模块

第 7 步：IGBT 模块损坏，通常其驱动电路损坏的概率也较大，接着测量其驱动电路。如图 13-51 所示。

将万用表调到蜂鸣挡，然后测量驱动电路中的电阻、电容、二极管、电感等元器件。未发现驱动电路中有损坏的元器件。

图 13-51　测量驱动电路

第 8 步：用同型号的开关变压器更换损坏的开关变压器，然后再更换损坏的 IGBT 模块。如图 13-52 所示。

用电烙铁将新的开关变压器焊接到电路板上，接着在新的IGBT模块上涂抹硅脂，之后将其安装到电路板上，并固定好。

图 13-52　更换开关变压器和 IGBT 模块

第 9 步：更换完损坏的元器件后，将电源电路板安装好，然后再进行通电测试。如图 13-53 所示。

> 通电启动，电源指示灯点亮。然后打开控制程序，使能过后运行正常，未报错误。接着连接上电动机测试，可以正常控制电动机运转，伺服驱动器故障排除。

图 13-53　测试伺服驱动器

13.2.6　DA99D 伺服驱动器上电无显示故障维修实战

（1）故障现象

客户送来一台广州数控的伺服驱动器，反映这台伺服驱动器通电无显示。

（2）故障检测与维修

通常伺服驱动器无显示故障可能是由开关电源电路故障引起的，但也可能是由主电路故障引起的，需要逐步排查故障。伺服驱动器开机无显示故障维修方法如下。

第 1 步：对于这种故障，要在通电检测前，先用万用表检测整流电路和 IPM 模块是否有问题，防止通电后造成伺服驱动器电路二次损坏。如图 13-54 所示。

> ①先将数字万用表调到二极管挡，将红表笔接直流母线的负极（N），黑表笔分别接 R、S、T 三个端子，测量三次，测量的值都为 0.49V。接着再将黑表笔接直流母线的正极，红表笔分别接 R、S、T 三个端子，测量三次，测量的值也都是 0.49V，说明整流电路中的整流二极管都正常。
> ②接下来将红表笔接直流母线的负极，黑表笔分别接 U、V、W 三个端子，测量三次，测量的值都为 0.46V，说明逆变电路中下桥臂的三个变频元器件都正常。然后将黑表笔接直流母线的正极，红表笔分别接 U、V、W 三个端子，测量三次，测量的值也都是 0.46V，说明逆变电路中上桥臂变频元器件都正常。

图 13-54　检测整流电路和 IPM 模块

实战工业电路板芯片级维修
全彩视频版

第 2 步：拆开伺服驱动器的外壳，由于此故障多是由开关电源电路故障引起的，所以先检查电源电路板中的开关电源电路。如图 13-55 所示。

仔细检查开关电源电路中有无烧黑、鼓包、流液、炸裂等明显损坏的元器件。经检查未发现明显损坏的元器件。

图 13-55　检查开关电源电路

第 3 步：在检查开关电源电路的过程中发现此开关电源电路采用了故障率较高的芯片，根据维修经验，重点检查此芯片，如图 13-56 所示。

①在检查时发现此电路采用了开关管和PWM芯片集成在一体的电源管理芯片TOP255。由于此芯片发生故障的概率较高，根据维修经验，重点检查此电源管理芯片。

②先用电烙铁将此芯片从电路板中拆下（为了测量准确），将万用表调到二极管挡，红黑表笔接芯片的D脚和S脚。测量值为无穷大，正常应该有0.5V左右的压降，说明此芯片损坏。

图 13-56　测量检查电源管理芯片

第 4 步：用同型号的 TOP255 芯片更换损坏的芯片，给伺服驱动器电路接上电源，然后开机测试，如图 13-57 所示。

13.2.7　台达伺服驱动器显示 AL001 错误代码故障维修实战

（1）故障现象

一台台达伺服驱动器，客户反映这台伺服驱动器无法正常工作。

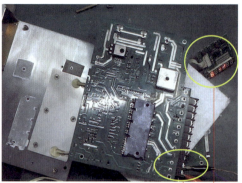

用同型号的TOP255芯片更换损坏的芯片，然后给伺服驱动器电路接上电源，开机测试，可以看到正常开机，显示屏显示正常，故障排除。之后将伺服器电路板安装好，并装好外壳。然后将伺服驱动器连接电动机进行测试，可以正常控制电动机转动，伺服驱动器故障排除。

图 13-57 更换损坏元件后通电测试

（2）故障检测与维修

经检查，发现这台伺服驱动器显示 AL001 故障代码。根据故障代码，此故障可能是电流检测电路有损坏的元器件或驱动电路有故障。伺服驱动器显示 AL001 故障代码故障维修方法如下。

第 1 步：给伺服驱动器接上电源，并串接一个 100W 的灯泡（防止有短路故障），然后开机检测，如图 13-58 所示。

给伺服驱动器通电后开机检测，发现伺服驱动器通电后指示灯亮，并出现AL001的错误提示。经查，此错误代码表示过电流故障。

图 13-58 开机测试

第 2 步：将伺服驱动器的外壳拆开，仔细检查内部电路板中的元器件。如图 13-59 所示。

第 3 步：仔细检查电源电路板背面上的元器件，发现有两个电阻烧黑损坏。如图 13-60 所示。

仔细检查伺服驱动器的控制电路板和电源电路板上有无明显烧黑、炸裂、鼓包等损坏的元器件。经检查，未发现明显损坏的元器件。

图 13-59　检查电路板中的元器件

①检查电源电路板，发现有两个电阻烧黑损坏。经检查，这两个电阻为驱动电路中的元器件。

②将损坏的电阻拆下，更换同型号的电阻。然后用万用表再测量驱动电路中其他电阻、电容、二极管等元器件，未发现损坏的元器件。

图 13-60　检查电源电路板

第 4 步：更换损坏元器件之后，将电路板装好，然后进行通电测试，如图

13-61 所示。

通电后开机启动，伺服驱动器可以正常开机，且故障代码消失。之后接上伺服电动机继续测试，可以控制电动机正常运转，故障排除。

图 13-61　测试伺服驱动器

13.2.8　DAP03 伺服驱动器上电无显示故障维修实战

（1）故障现象

客户送来一台广州数控的伺服驱动器，反映这台伺服驱动器通电无显示。

（2）故障检测与维修

根据故障现象分析，一般引起伺服驱动器无显示故障的原因有多种，如开关电源电路故障、主电路故障或控制电路故障等，需要逐步排查故障。伺服驱动器开机无显示故障维修方法如下。

第 1 步：对于这种故障，我们要在通电检测前，先用万用表检测整流电路和 IPM 模块是否有问题，防止通电后造成伺服驱动器电路二次损坏。如图 13-62 所示。

将数字万用表调到二极管挡，将红表笔接直流母线的负极（N端子），黑表笔分别接R、S、T三个端子，测量三次，测量的值都为0.46V。接着再将黑表笔接直流母线的正极（P端子），红表笔分别接R、S、T三个端子，测量三次，测量的值也都是0.46V，说明整流电路中的整流二极管都正常。接下来将红表笔接直流母线的负极（N端子），黑表笔分别接U、V、W三个端子，测量三次，测量的值都为0.46V，说明逆变电路中下桥臂的三个变频元器件都正常。然后将黑表笔接直流母线的正极（P端子），红表笔分别接U、V、W三个端子，测量三次，测量的值也都是0.46V，说明逆变电路中上桥臂变频元器件都正常。

图 13-62　检测整流电路和 IPM 模块

第2步：拆开伺服驱动器的外壳，检查伺服驱动器的电路板，如图13-63所示。

检查伺服驱动器的电源电路板、控制电路板、显示面板中是否有明显烧焦、烧黑、鼓包、漏液、开裂等明显损坏的元器件。经检查，未发现明显损坏的元器件。

图13-63　检查电路板中元器件

第3步：给伺服驱动器的电路板通电，检查关键的电压是否正常，如图13-64所示。

将万用表调到直流电压200V挡，在电源电路板中测量开关电源电路输出的+5V、±15V、+24V供电电压。经测量，这几个电压均正常，说明开关电源电路正常。

图13-64　测量输出电压

第4步：继续测量控制电路板中的3.3V供电电压和时钟电路，如图13-65所示。

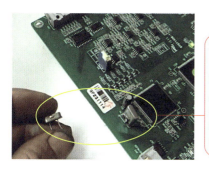

将万用表调到直流电压20V挡，红表笔接控制电路板中的3.3V供电电路中稳压器的输出端，黑表笔接地，测量3.3V电压。测量值为3.36V，电压正常。再将红黑表笔接晶振两只引脚，测量其电压。测量的电压为0.01V（正常应为0.3V左右），电压不正常，说明时钟电路有问题。之后测量谐振电容，未有短路故障。怀疑晶振损坏，先试换同型号的晶振进行测试。

图13-65　检测控制电路板

第5步：更换晶振之后，通电测试，如图13-66所示。

更换晶振后，将电路板连接好，并给电源电路板接上电源线，然后通电开机测试。发现显示面板有显示了，说明故障是由晶振损坏引起的。

图 13-66　通电测试

第 6 步：将伺服驱动器的电路板安装好，然后进行试机。如图 13-67 所示。

将电路板安装好，然后接上电源线进行试机，可以正常开机，显示正常。由于连接位置反馈信号电缆，会显示错误代码。之后将伺服驱动器拿到工厂测试，伺服驱动器运行正常，故障排除。

图 13-67　伺服驱动器试机

13.2.9　西门子 PLC 开机不工作指示灯不亮故障维修实战

（1）故障现象

客户拿来一台西门子 PLC，反映 PLC 开机不工作，指示灯不亮。

（2）故障检测与维修

分析故障现象，由于 PLC 指示灯不亮，估计开关电源电路有问题。此故障的维修方法如下。

第 1 步：拆开 PLC 的外壳，检查电路板。如图 13-68 所示。

第 2 步：进一步检查损坏的电路板，如图 13-69 所示。

先拆开PLC的外壳，检查电路板，发现输出端子附近的电路中有多个电容、电阻、电感烧坏。

图 13-68　检查电路板中元器件

将数字万用表调到蜂鸣挡，进一步检查电路板中其他元器件。发现一些没有明显损坏的元器件也有短路故障。

图 13-69　进一步检查电路板中元器件

第3步：检查开关电源电路板，如图 13-70 所示。

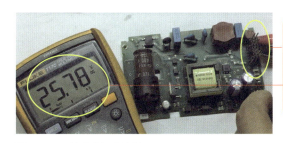

先将万用表调到直流电压200V挡，然后用直流稳压电源给开关电源电路板单独供电，用红表笔接输出端，黑表笔接地，测量输出电压。测量的电压值为25.78V，输出电压正常；但测量5V供电电压时，测量值为0V，不正常。

图 13-70　检查电源电路板

第4步：检查 5V 供电电路中的元器件，如图 13-71 所示。

第5步：更换输出端子附近的损坏的元器件。如图 13-72 所示。

第6步：将所有损坏的元器件更换之后，装机通电测试。如图 13-73 所示。

检查5V供电电路中的元器件，发现稳压器芯片烧了一个洞，损坏了，再检测周边滤波电容，未发现损坏的元器件。接着将损坏的稳压器芯片7805更换掉。

图 13-71　检测 5V 供电电路

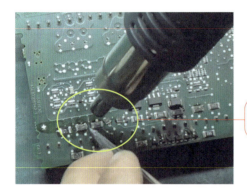

用热风枪焊下损坏的元器件，并更换同型号的好的元器件。

图 13-72　更换损坏的元器件

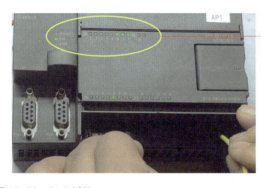

装好电路板，然后接上电源线，开机测试。PLC指示灯亮，再测试输出端，也正常。故障排除。

图 13-73　PLC 试机

13.2.10　S7-300 PLC 控制器通电无法开机启动故障维修实战

（1）故障现象

一台 S7-300 PLC 控制器，客户描述误将 220V 交流电接入 PLC 控制器的

24V 直流电源接口，烧坏控制器，导致 PLC 控制器再次通电后指示灯不亮，无法开机启动。

（2）故障检测与维修

分析故障现象，通常接错电源会烧坏 PLC 控制器电路板中的元器件，因此怀疑此故障应该是由 PLC 控制器内部电源电路板元器件被烧坏引起的。此故障维修方法如下。

第 1 步：拆开 PLC 控制器外壳，拆下电路板，然后检查电路板中元器件。如图 13-74 所示。

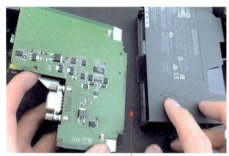

拆开PLC控制器外壳，拆下电路板。检查电路板中元器件，发现保险电阻及旁边的两个电阻已经烧坏。用同型号的保险电阻和两个贴片电阻更换掉损坏的元器件。

图 13-74　拆开电路板检查

第 2 步：检查此供电电路中的元器件，如图 13-75 所示。

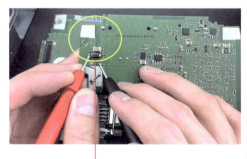

通过跑电路的方法查找24V供电电路中的元器件，并用万用表检测其好坏。经检查，此供电电路中没有再发现损坏的元器件。

图 13-75　检测供电电路中元器件

第3步：将 PLC 控制器的电路板装好，然后给其供电，如图 13-76 所示。

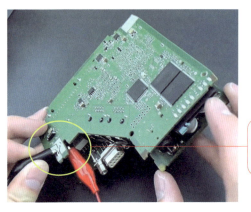

将可调直流电源的线夹接在电源电路板的电源接线端，为其供24V直流电压，准备开机进一步检测。

图 13-76　给电路板供电

第4步：测量电源电路板中几个电感器引脚的电压。如图 13-77 所示。

①将数字万用表调到直流电压20V挡，红表笔接第一个电感器的引脚，黑表笔接地，测量电压。测量的电压为3.312V，电压正常。

②将红表笔接第二个电感器引脚，黑表笔不动，测量的电压为5.177V，电压正常。

③将红表笔接第三个电感器引脚，黑表笔不动，测量的电压为31.84V，电压正常。

图 13-77　测量电感器电压

第5步：经过检测未发现其他问题，最后将 PLC 控制器的电路板安装好，通电试机。如图 13-78 所示。

先将电路板装回PLC控制器的外壳，然后接好电源线，开机启动试机。开机启动后发现指示灯点亮，PLC自检启动正常，故障排除。

图 13-78　PLC 控制器通电试机

13.2.11　S7-200 PLC 控制器上电指示灯不亮故障维修实战

（1）故障现象

一台 S7-200 PLC 控制器，故障为开机上电指示灯不亮，无法正常工作。

（2）故障检测与维修

分析故障现象，PLC 控制器上电指示灯不亮故障通常是由内部电源电路板中的元器件损坏引起的，重点检查电源电路板，此故障维修方法如下。

第 1 步：给 PLC 控制器接上电源线，然后测量输出端子的电压，如图 13-79 所示。

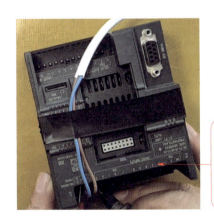

先给PLC控制器接上220V交流电源，然后将万用表调到直流电压200V挡，红表笔接24V电压输出端子，黑表笔接地线端子，测量24V电压。测量的电压为0V，说明PLC控制内部电源电路板有故障。

图 13-79　测量 24V 输出电压

第2步：拆开 PLC 控制器外壳，拆下电路板检查。如图 13-80 所示。

拆下电源电路板，然后检查电源电路板中是否有烧坏、烧黑、鼓包、漏液、炸裂等明显损坏的元器件。经检查，未发现明显损坏的元器件。

图 13-80　观察电源电路板中元器件

第3步：用万用表检测电源电路板中的元器件，如图 13-81 所示。

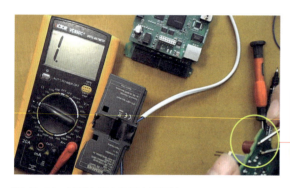

将万用表调到蜂鸣挡，检测电源电路板中的元器件，发现电源输入附近的保险电阻的阻值为无穷大，说明保险电阻被烧断损坏。

图 13-81　检测电源电路板中元器件

第4步：保险电阻被烧断，说明电路中有短路故障，通常为元器件短路故障，所以进一步检测电源电路中的关键元器件。如图 13-82 所示。

第5步：用同型号的保险电阻和整流桥堆替换损坏的元器件。如图 13-83 所示。

第6步：将 PLC 控制器外壳装好，准备进一步测试。如图 13-84 所示。

13.2.12　数控机床启动报主轴驱动故障报警故障维修实战

（1）故障现象

一台数控机床，开机启动时，显示屏提示"EX1004 SPINDLE DRIVE FAULT"（主轴驱动故障），主轴不转动。

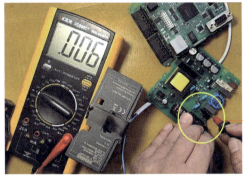

用万用表的蜂鸣挡检测电容器，未发现电容短路故障。再检测电流互感器输出端引脚阻值，均正常。接着用万用表的二极管挡，测量电源电路中的整流桥堆的管电压。将红表笔接整流桥堆输入端正极脚，黑表笔分别接第2、3引脚测量。测量的压降为0.006V（正常为0.5V左右），说明整流桥堆损坏。

图 13-82　检测电源电路中关键元器件

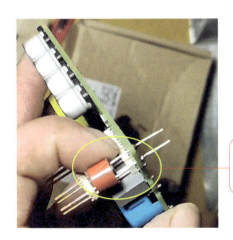

用电烙铁将损坏的元器件焊下，然后将同型号的新的保险电阻和整流桥堆焊回电路板。

图 13-83　更换损坏的元器件

（2）故障检测与维修

　　分析故障现象，此故障可能是由数控机床电动机故障、电动机电缆故障、变频器故障等引起的，重点检查这些方面。此故障维修方法如下。

　　第 1 步：查看数控机床的故障现象，如图 13-85 所示。

先给PLC控制器接入220V电压，然后上电测量24V输出端电压，测量值为23.8V，输出电压正常，说明PLC控制器供电电路工作正常了。接着开机启动PLC控制器，指示灯点亮，工作正常，故障排除。

图 13-84　试机 PLC 控制器

打开数控机床电源开关，启动数控机床，发现主轴没有转动，看到液晶屏出现"EX1004 SPINDLE DRIVE FAULT"错误提示。

图 13-85　查看数控机床的故障现象

第 2 步：由于主轴没有转动，接下来检查主轴驱动控制变频器和电缆，如图 13-86 所示。

检查主轴驱动控制变频器，发现变频器出现"1001"故障代码，看来变频器有问题。由于影响主轴转动的部件还有电动机及电动机电缆，因此用摇表检查电动机的绝缘阻值，均正常，检测连接电缆，未发现异常。

图 13-86　检查主轴驱动控制变频器

第 3 步：将变频器拆下进一步检查，拆开变频器的外壳，然后检查电路板中元器件。如图 13-87 所示。

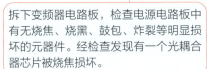

拆下变频器电路板，检查电源电路板中有无烧焦、烧黑、鼓包、炸裂等明显损坏的元器件。经检查发现有一个光耦合器芯片被烧焦损坏。

图 13-87　检查电路板中的元器件

第 4 步：将故障元器件所在的小电路板拆下，将损坏的光耦合器芯片拆下，将电路板清洁干净。如图 13-88 所示。

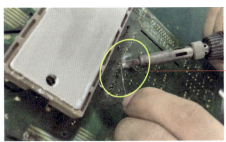

① 用电烙铁给小板的引脚加一些焊锡，然后用吸锡器吸出焊锡（加焊锡易于用吸锡器将焊锡吸出，同时也能除掉引脚上的胶）。

② 拆下小电路板后，再用电烙铁将损坏的光耦合器芯片拆下，然后将电路板清洁干净。之后将同型号的新的光耦合器芯片焊接到电路板上，保险起见，将其他两个未损坏的光耦合器芯片一起更换了。

图 13-88　更换损坏的光耦合器

第 5 步：换好光耦合器芯片后，接下来检测电路板中的电容器。如图 13-89
所示。

由于电容器使用时间长了后容易老化，接下来检测电路板中的电容器的 D 值。先清除电容器引脚上的胶，然后用电桥测量每个电容器的 D 值。经检查，未发现损坏的电容器。

图 13-89　检测电容器

第 6 步：检查整流电路及 IGBT 模块是否有问题。如图 13-90 所示。

①将数字万用表调到二极管挡，将红表笔接直流母线的负极（N）端，黑表笔分别接R、S、T三个端，测量三次，测量的值都为0.39V。接着再将黑表笔接直流母线的正极（P）端，红表笔分别接R、S、T三个端，测量三次，测量的值也都是0.39V，说明整流电路中的整流二极管都正常。
②将红表笔接直流母线的负极（N）端，黑表笔分别接U、V、W三个端，测量三次，测量的值都为0.51V，说明逆变电路中下桥臂的三个变频元器件都正常。再将黑表笔接直流母线的正极（P）端，红表笔分别接U、V、W三个端，测量三次，测量的值也都是0.51V，说明逆变电路中上桥臂变频元器件都正常。

图 13-90　检测整流电路及 IGBT 模块

第 7 步：将电路板安装好，如图 13-91 所示。

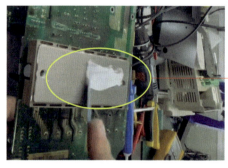

先在IGBT散热片上涂抹好散热硅脂，然后将电路板安装到散热片上并拧好螺钉固定好。

图 13-91　安装电路板

第 8 步：装好变频器电路板后，进行上电测试，如图 13-92 所示。

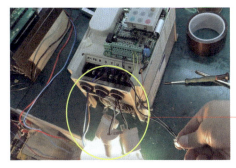

先给变频器接好三相输入电源，然后在输出端子上连接三个灯泡。之后上电测试，灯泡被点亮，且发光一致，说明变频器工作正常。

图 13-92　上电试机

第 9 步：将变频器装回数控机床控制箱，并接好线，通电试机。如图 13-93 所示。

将变频器装回数控机床控制箱，并接好线。然后给数控机床通电，并启动主轴，发现主轴开始转动，通过键盘输出控制指令，主轴转速正常，故障排除。

图 13-93　通电试机

13.2.13　数控车床伺服轴偏差过大故障维修实战

（1）故障现象

一台 FANUC 数控车床开机后无法正常工作，出现 410 伺服轴偏差过大错误报警。

（2）故障检测与维修

分析故障现象，此故障可能是由伺服电机、电缆、伺服放大器等故障引起的。维修方法如下。

第 1 步：确认故障现象，如图 13-94 所示。

第 2 步：检查数控车床的线缆和伺服放大器，如图 13-95 所示。

给数控车床通电开机，观察到车床无法工作，显示屏出现错误提示。

图 13-94　数控车床故障现象

首先检查电缆的连接，未发现问题。由于工厂还有相同型号的车床，因此准备采用替换法检查故障。先从另一台车床上拆一台伺服放大器，替换掉故障车床的伺服放大器，然后上电检测。上电后，发现故障消失，车床可以正常工作了。看来故障原因在伺服放大器。

图 13-95　检查数控车床的线缆和伺服放大器

第 3 步：拆开故障伺服放大器的外壳，测量电源电路板。如图 13-96 所示。

先拆开故障伺服放大器的外壳，拆下电源电路板，然后用可调直流电源给电源电路板供电。接着将万用表调到直流电压200V挡，黑表笔接地，红表笔接5V、12V、24V电压的输出端，测量工作电压。发现5V供电电压不正常。

图 13-96　测量电源电路板输出电压

第4步：检查5V供电电路，查找故障元件，如图13-97所示。

仔细检查发现5V供电电路中的一个电容烧坏。接着将损坏的电容器替换掉。然后给电源电路板接上电源，并用万用表再次测量5V供电电压，测量值为5.05V，电压恢复正常。

图 13-97　更换损坏的电容器

第5步：将伺服放大器装回数控车床，然后开机测试。如图13-98所示。

将伺服放大器的电路板装好，然后安装到数控车床，启动数控车床测试。发现数控车床可以正常工作了，显示屏显示正常，故障排除。

图 13-98　装机测试

13.2.14　数控线切割机床托板锁不紧故障维修实战

（1）故障现象

一台数控线切割机床托板锁不紧，即 X 轴和 Y 轴都锁不紧。

（2）故障检测与维修

分析故障现象，此故障可能是由驱动电路故障引起的，重点检查机床的驱动电路板部分。此故障的维修方法如下。

第1步：拆开驱动电路板柜检查，如图 13-99 所示。

检查后发现驱动电路板电源接头的线烧焦了，再仔细检查，发现信号线也有烧坏的。

图 13-99　检查驱动电路板柜

第2步：拆下驱动电路板进行检查，如图 13-100 所示。

将万用表调到二极管挡，检测整流桥堆，未发现问题。再用万用表欧姆挡检测运算放大器芯片、电阻、电容等元器件，未发现损坏的元器件。

图 13-100　检测驱动电路板

第3步：更换电源接头和信号线。如图 13-101 所示。

更换电路板的电源接头，然后将信号线也全部更换掉。

图 13-101　更换电源接头和信号线

第 4 步：将驱动电路板安装到机床，开机测试。如图 13-102 所示。

将驱动电路板安装到机床后，开机测试。机床可以正常运行，托板锁紧正常，故障排除。

图 13-102　测试数控线切割机床

13.2.15　数控机床开机黑屏故障维修实战

（1）故障现象

一台宝宇 YZ-120 CNC 数控机床通电不显示，不工作。

（2）故障检测与维修

分析故障现象，首先检查供电电源，再检查电路板，维修方法如下。

第 1 步：确认故障现象，如图 13-103 所示。

给数控机床通电开机，发现机床显示屏黑屏不显示，同时机床也不工作。

图 13-103　宝宇数控机床故障现象

第 2 步：由于显示屏黑屏故障一般与电源供电故障有关，因此拆下数控机床控制电路板进行检查。如图 13-104 所示。

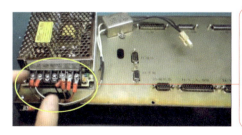

先给控制电路板的电源电路板接入供电电源，然后将万用表调到直流电压 200V 挡，黑表笔接地端，红表笔分别接 24V 和 5V 电源输出端，测量工作电压。经测量，控制模块的开关电源模块 24V 和 5V 输出电压均正常，说明开关电源部分正常。

图 13-104　测量工作电压

第 3 步：测量控制电路板的电源接线端对地阻值，检查控制电路板是否有短路，如图 13-105 所示。

将数字万用表调到二极管挡，在断电的情况下，将红表笔接地，黑表笔接控制电路板电源接线端，测量控制电路板的电源线对地阻值（通过测量值来判断电路板是否有短路故障）。经测量发现24V供电电压接线端对地阻值接近0（正常为0.5V左右），说明控制电路板中24V供电电路中有短路的元器件。

图 13-105　检测控制电路板是否有短路

第 4 步：检测控制电路板中 24V 供电电路中的元器件，如图 13-106 所示。

用万用表蜂鸣挡检测控制电路板24V供电线路中的电感、电容等元件，未发现损坏。

图 13-106　检测 24V 供电电路中元器件

第 5 步：通电检测控制电路板，如图 13-107 所示。

将电源线连接到控制电路板的电源插座，然后通电检测控制电路板。通电后用手触摸控制电路板上的芯片，看是否有发热发烫的芯片。发热发烫说明芯片有短路问题。经检查发现ULM2803接口芯片很热，说明此接口芯片损坏了，导致控制数据无法正常传输，无法控制机床工作。

图 13-107　触摸法查找故障芯片

第 6 步：更换损坏的芯片，然后通电测试。如图 13-108 所示。

更换损坏的接口芯片后，连接好显示屏，再次通电测试，控制板可以开机，显示屏显示正常，控制器可以正常控制车床工作了，故障排除。

图 13-108　通电测试数控机床